北海道地域農業研究所学術叢書⑮

バイオマス静脈流通論

泉谷眞実 著

バイオマス静脈流通論　目次

序章　本書の課題と分析視角 …… 1
第1節　課題と問題状況 …… 1
第2節　バイオマス利用に関する既存研究の特徴と問題点 …… 3
第3節　バイオマスの静脈流通に関する研究動向 …… 8
第4節　分析概念—バイオマスのリサイクル経路と需給調整プロセス— …… 14
第5節　対象品目と対象地域の位置づけ …… 19
第6節　本書の構成 …… 21

第1章　バイオマス利用の意義と現状 …… 25
第1節　バイオマス利活用推進政策の推移 …… 25
第2節　バイオマスの農業資材利用 …… 26
第3節　バイオマス利用の現状 …… 28

第1部　バイオマスのリサイクル経路 …… 35

第2章　「家畜排せつ物法」施行以前における家畜ふん尿リサイクルの特質
　　　　—1990年代の愛知県と北海道を対象として— …… 37
第1節　本章の課題 …… 37
第2節　1990年代前半における家畜ふん尿堆肥の生産・販売対応における共同化—愛知県・G生産組合の事例— …… 39
第3節　1990年代後半における家畜ふん尿流通における広域化とその担い手—北海道・網走地域を対象として— …… 43

第3章　食品製造副産物におけるリサイクル経路の特質
　　　　―青森県のりんごジュース製造副産物を対象として― ……… 53
　第1節　本章の課題 …… 53
　第2節　対象地域の概要 …… 54
　第3節　りんご粕におけるリサイクル・チャネルの類型と特質 …… 56
　第4節　りんご粕におけるリサイクル・チャネルの選択要因 …… 62
　第5節　りんご粕におけるリサイクル・チャネルの国際化
　　　　―輸入りんご粕利用のK・TMR社の事例― …… 66
　第6節　おわりに …… 67

第4章　東アジアにおける食品製造副産物のリサイクル・システム
　　　　―中国・台湾・韓国の果実ジュース製造副産物を対象として― ……… 69
　第1節　本章の課題 …… 69
　第2節　中国におけるりんごジュース加工と製造副産物のリサイクル …… 69
　第3節　台湾における果実ジュース製造副産物の利用 …… 74
　第4節　韓国における果実ジュース加工と製造副産物の利用 …… 75
　第5節　おわりに …… 77

第2部　バイオマスの需給調整プロセス ……………………………………… 79

第5章　食品製造副産物の供給変動と需給調整プロセス
　　　　―青森県のりんごジュース製造副産物を対象として― ……… 81
　第1節　本章の課題 …… 81
　第2節　りんご粕における供給変動 …… 82
　第3節　りんご粕における需給調整プロセスの実態 …… 85
　補節　小売段階の生ごみリサイクルにおける需給調整プロセス
　　　　―青森県・Uショッピングセンターの事例― …… 92
　第4節　おわりに …… 94

iv

目次

第6章　木質ペレット燃料流通の広域化と地域における需給の不整合問題
　　　　―東北地方の木質ペレット燃料を対象として― *97*
　第1節　本章の課題 *97*
　第2節　A県における木質ペレット燃料の生産構造と販売対応
　　　　―A社の事例― *99*
　第3節　A県のペレットボイラーにおける木質ペレットの利用実態
　　　　―アンケート調査結果の分析― *102*
　第4節　おわりに *107*

第7章　地域バイオマス需給における調整主体の存立条件
　　　　―北海道の米ぬか市場を対象として― *109*
　第1節　本章の課題 *109*
　第2節　米ぬか利用の現状と価格の特質 *110*
　第3節　米ぬかにおける季節的な需給調整の経営的側面
　　　　―B社の事例― *114*
　第4節　季節的な需給調整の地域的・社会的側面
　　　　―B社とA農協の取引関係― *119*
　第5節　おわりに *121*

第8章　バイオマス需給における原料調達過程と製品販売・利用過程間の調整
　　　　―廃食油バイオディーゼル燃料事業を対象として― *123*
　第1節　本章の課題 *123*
　第2節　原料調達過程の特質 *125*
　第3節　製品販売・利用過程の特質 *127*
　第4節　需給調整メカニズムの特質 *129*
　第5節　おわりに *132*

第3部　バイオマス利活用と原料調達過程 ……………………………… *135*

第9章　農産バイオマスエネルギー事業における原料調達方式と地域原料バイオマス市場
　　　　―青森県におけるもみ殻固形燃料化事業を対象として― ………… *137*
　第1節　本章の課題 …… *137*
　第2節　もみ殻の地域需給構造―青森県を対象として― …… *138*
　第3節　もみ殻固形燃料化事業の実態―S社の事例― …… *142*
　第4節　おわりに …… *144*

第10章　未利用バイオマスにおける処理・利用方式の特質
　　　　―青森県における稲わらを対象として― ……………………………… *147*
　第1節　本章の課題 …… *147*
　第2節　青森県における稲わら利用の現状 …… *149*
　第3節　調査方法 …… *151*
　第4節　結果と考察 …… *152*
　第5節　おわりに …… *155*

終章　要約と今後の課題 ……………………………………………………… *157*

参考・引用文献 ………………………………………………………………… *163*
初出一覧 ………………………………………………………………………… *166*
あとがき ………………………………………………………………………… *169*

序章

本書の課題と分析視角

第1節　課題と問題状況

　本書の目的は，生物系の再生可能資源であるバイオマス[1]の静脈流通過程[2]を対象とし，その流通構造と価格形成，需給調整の諸問題について，実証的に検討することである。

　食品廃棄物や家畜排せつ物，農産未利用資源等のバイオマスの利活用が重要となっている（以下では「バイオマス」とは「廃棄物系バイオマス」と「未利用バイオマス」を意味している）。その背景には，第1に農業や食料に関わる廃棄物対策としての側面（食品廃棄物の処理問題，下水汚泥の処理問題，家畜ふん尿問題等），第2に一定の条件下でカーボンニュートラルな性格を持ち，再生可能な地産資源であるバイオマスの利活用が，地球温暖化対策やエネルギー対策に果たす重要性，第3に飼料や肥料，化石燃料等の資材価格上昇の下でのバイオマス資源の有効利用としての側面（飼料，肥料，エネルギー利用等），第4に地域内のバイオマス資源を活用することで，域外からの資源の購入を削減し，地域所得の域外流出を抑制し，所得の域内循環をはかり，さらには新産業を創出するという期待がされている点があげられる。

　しかし，2002年に最初の「バイオマス・ニッポン総合戦略」が閣議決定されてから10年以上がたち，様々な活用促進対策や技術開発が行われてきたにもかかわらず，その利活用は大きく進んだとはいえないだろう。たとえば，食品リサイクル法の制定や事業者の努力，補助金等を背景として2000年代前半に高まった食品産業から発生する「食品廃棄物等」のリサイクル量やリサイクル率は，その発生量が横ばいなのにもかかわらず，2005年から顕著に停

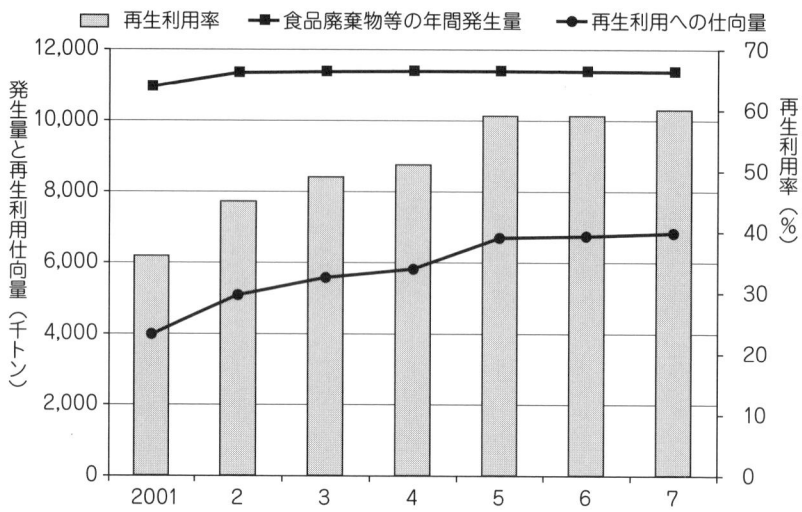

図序-1 食品産業における食品廃棄物等の年間発生量と再生利用状況

(資料) 農林水産省『食品循環資源の再生利用等実態調査報告』(2006年, 2007年)。
(注) 再生利用量は, 食品リサイクル法で規定している用途以外も含んだ数値。

滞傾向に入っている (**図序-1**)。

　また, 国や自治体の補助事業に依存して育成されたリサイクル産業の不調が近年になってみうけられる。例えば, 2005〜07年度に国の「バイオマスの環づくり交付金」16億円をうけた千葉県のアグリガイアシステム(エコフィードの生産) は, そのわずか2年後に事業を停止した[3]。そして, 2011年に総務省は, 2003年から08年までに政府が実施した214のバイオマス関連事業のうちで,「効果が発現しているものは」16.4％という厳しい評価を下している[4]。

　さらに, さまざまなバイオマス資源のリサイクルが推進される中で, 食品廃棄物や家畜ふん尿から生産された堆肥が農地へ適切に投入されているのか, という疑問すら出されているが (工藤 (2002), 中島 (2002)), この点も現実に問題となってきていると考えられる。

序章　本書の課題と分析視角

第2節　バイオマス利用に関する既存研究の特徴と問題点

1．経済性の分析と事業評価が中心の既存研究

　このような中で，これまでのバイオマス利用に関する社会科学的な分析を見ると，先進事例や政策の紹介を除くと，その主要な分析方法は経済性の分析や費用便益分析が中心になっている[5]。そこでは，個々のリサイクル施設やリサイクル事業者，リサイクルの地域システムを取り上げ，その経済収支の分析とそこからの政策提言が行われてきた。さらに，費用や便益のなかに外部性を含む場合や（環境負荷の削減，有機農業の推進等），エネルギー収支や温室効果などの影響も含んだ分析に拡張される場合も，費用便益分析とそれによるシステム評価が主体であったといえる。

　このような経済性の分析による評価結果として，バイオマスのリサイクルは「収益性が低く」「採算が取れない」ことが指摘され，その上でバイオマスの利用を進めるためには，低コスト化（技術開発，大規模化）や高付加価値化のような生産レベルでの課題と，政府の財政支援（補助金，優遇税制等）の必要性があげられる場合が多い（例えば矢口（2008））。

　しかし，バイオマス利用においては，これらの経済性の問題に加えて，以下で見るように，バイオマスの静脈流通過程に起因する問題が存在する。すなわち，①バイオマス原料の調達問題とバイオマス製品の販路問題，そして②バイオマス供給の不安定性の問題とそれに付随する需給調整の課題である。これらの諸問題は，バイオマスの利活用システムにおける構成主体間の関係であり，流通過程の問題である。また，経済性を分析するに際しても，その収入と支出の水準に影響を与える製品の販売価格と原料の調達価格・費用は流通過程のあり方に大きく影響されるため，これら過程の分析を踏まえる必要がある。さらに，バイオマスの汚染問題が発生する場合には，流通過程の把握が不可欠である。

　以下では，この二つの問題について既存研究の特徴をみていきたい。

２．バイオマス利用の課題と既存研究の特徴

(1) バイオマス原料の調達とバイオマス製品の販路問題

　まず，バイオマス原料の調達とバイオマス製品の販路に関わる問題（以下，「原料調達・販路問題」）についてみていきたい。バイオマスのリサイクルを行う場合，必要なバイオマス原料の品質と量の調達が困難となる，あるいは生産したバイオマス製品に対する需要が少ないという問題が発生する場合がみられる。

　この問題に対して従来の研究では，当初計画での見積もりが不十分であるという指摘の他に（近藤（2013），第２章），第１に，「原料調達問題」については，バイオマスは広く薄く分散して発生するために，収集・運搬過程でのコストが高いことがその要因として指摘されている（中村（2010））。この場合の対策としては，圧縮・乾燥による減量化や，効率的な収集・運搬システムの構築によって，物流コストを低減させる必要性があげられている[6]。

　第２に，「販路問題」に関しては，他の代替的な製品と比較して生産コストが高い（加えて品質も低い）ために競争力が低い点がその要因として指摘されている。そして，高コスト→高価格→代替材との競争力の低さ→需要先の不足という論理で「販路問題」が説明される場合が多い。そのため，対策としては，生産・変換段階での低コスト化（技術開発，大規模化）の必要性があげられている。

　第３に，バイオマスに対する需要側と供給側のそれぞれに関する情報が相互に不足するために需給の連結が阻害され，「原料調達・販路問題」が発生するという認識から（淡路（2007）），情報流での改善が指摘される場合もみられる。そこでは，インターネット等の情報通信手段を利用した需要者と供給者間の情報流の効率化が必要とされ（中村（2010）p.156），情報流を効率化するためのインフラ整備の必要性があげられている。

　このように，従来の研究では「原料調達・販路問題」が，コスト問題の視点から扱われる傾向が強く，流通過程において発生する諸問題として位置づ

けられていないという限界がある。そのため,「原料調達・販路問題」を考える上では,現実のリサイクルにおける取引関係,需給関係の実態を把握し,それがどのような条件で成立しているのか,あるいはどのような条件が欠けているために取引が成立しないのかを流通過程の問題として,コスト問題も含めて検討する必要があると考えられる。

(2) バイオマス供給の不安定性の問題

つぎにバイオマスのリサイクルを阻害している要因として,バイオマス供給の不安定性の問題についてみていきたい。このことは,バイオマスの利活用システムを運用したときに,バイオマス資源が必要な時期に必要な質と量を調達できないという問題を引き起こすことになる。

バイオマスの供給は一般的に不安定であり,年次変動と季節変動がみられる。このような供給の不安定性の要因として,第1にバイオマスは農林水産資源であることがあげられる。すなわち,バイオマスの生産プロセスが動物や植物の成長と,その地域の気候などの自然条件に依存していること。そして,これらの要素を人間が完全にコントロールできないからである。

第2に,供給の不安定性は,製品消費の季節性に影響されて発生する場合もみられる。例えば,夏期間に需要が増加する食品の場合には,それに対応して夏期間に生産量が増加し,副産物としてのバイオマスが夏期間に集中して発生する場合がみられる。

第3に,バイオマスの発生量に変動がなくても収集可能量が不安定なために,最終的な供給量が変動する場合がみられる。例えば,圃場で発生する稲わらのような未利用バイオマスの場合,その年の収集時期の天候によっては,バイオマスの圃場での乾燥が不十分であったり,圃場の条件が悪いために収集の機械が入れない場合が生まれ,収集量が不安定になる。

第4に,ここでいうバイオマスは農業生産や食料消費の結果として発生する結合生産物であり,資源作物のような「主産物バイオマス」ではなく,それ自体を生産の目的としていない「副産物バイオマス」であるという点があ

げられる。副産物であることから，そもそもバイオマスはその供給量を独自に決定できないのである。

　さらに，このような供給の不安定性に加えて，バイオマスに対する需要の季節性が加わる場合がみられ，需給調整の必要性は高くなる。例えば，バイオマスの肥料としての利用は農業生産の季節性に規定されるために季節的に限定される。寒冷地での暖房としての利用も冬期間に限定されるという制約がみられる。

　このような供給の不安定性は，第1に原料バイオマスの需要サイドとの関係で問題となる。原料バイオマスの利用者はそれを用いてバイオマス製品を生産するが，そのユーザーに対してバイオマス製品を安定的に供給することが不可欠である。しかし，原料バイオマスの供給が不安定なために，その利用者にとっては原料確保のリスクが高くならざるをえない。そして，仮に原料バイオマスの供給が減少して，利用者が必要な時期に必要な量を確保できなくなった場合には，他の代替的な原料に切り替えざるを得ず，一度切り替えた原料は元に戻りにくいことが多いため，バイオマスの利用が進まないのである。

　これとは逆に，原料バイオマスの利用者が原料調達をなんらかの要因で中止した場合，原料バイオマスの供給者は他の利用者をただちに探し，処理する必要があるため，利用者にとっては，もとの原料バイオマスを再度調達するのは困難となる。

　第2に，収集量の不安定性が存在する場合，当初予定の供給量を確保するために品質の低い状態のバイオマス（乾燥度合いが低い等）を収集して供給すると，ユーザーサイドでは製品の歩留まりが低下して利用可能量が減少すると同時に，このような品質リスクが存在する原料バイオマスの供給者からの原料調達を控えるようになると考えられる。

　第3に，バイオマス供給の不安定性が，バイオマスの地域利活用システムの持続性を困難にしているという問題がある。バイオマスの利活用において，単独の用途では経済性が低く，エネルギー効率が低い場合が多いため，カス

ケード利用が不可欠である。そのためにバイオマスの地域利活用システムの形成と効率化が必要である。

　しかし，原料バイオマスの供給が不安定であり，さらに地域利活用システムの各要素（例えば，原料供給農家，バイオマス変換事業者等）の存在自体も長期的には不安定である（天候不順，事故，農業生産停止等）。そのため，効率性の観点からは地域利活用システムの設計を地域資源のフル活用を前提として行う必要があるが，仮に要素の1つに不調が起きると，システム全体の持続性が困難になる。そのため，地域利活用システムの構築に際しても，バイオマスの供給変動は障害となるのである。

　このような供給の不安定性問題に対して，従来の研究では，保管等の物流施設の整備の必要性を述べるものと（甲斐（1982）），技術面では「モノ」のレベルで安定化させる，すなわち乾燥や炭化等の必要性が指摘されてきた。前者は保管コストが問題とされ，そのコスト削減が必要とされる。後者は，「モノ」レベルでバイオマスを安定化させるためには多くの費用やエネルギーが必要であるため，結果として低コスト化の必要性が提言されることになる。しかし，例えば乾燥することによって保存性を高め，供給の安定化をはかろうとした場合にも，乾燥施設に投入される原料バイオマスの供給量は依然として不安定なままである。そのため，乾燥施設の稼働率が不安定になるという点に問題がシフトすることになる。

　また，電気エネルギーでの利用に限定した場合には，さまざまな電源間（風力，太陽光，バイオマス，蓄電池，化石燃料発電機等）の調整を技術的に行うことも可能であるが（横山（2010）），バイオマス利用では熱エネルギー利用，飼料や肥料等のマテリアル利用のように用途が多岐にわたるため，調整に物の移動が必要となり，電気のような単一用途の調整よりも複雑にならざるを得ない。

　以上のように，原料バイオマスの供給の不安定性とそこに起因する問題への対応について，既存研究ではコスト問題の視点から取り扱われることが多いため，今後は流通過程での需給調整の問題としても取り扱うことが必要で

ある。

第3節　バイオマスの静脈流通に関する研究動向

つぎに，バイオマスの静脈流通過程に焦点を当てた既存研究の概要と特質について，家畜ふん尿と生活系廃棄物を対象として検討していきたい。

1．家畜ふん尿（製品）リサイクルに関する研究

戦後日本で最も初期に農業環境問題として社会的に認識されたのが，家畜ふん尿による環境汚染の問題（以下，家畜ふん尿問題）であろう。これは，日本の加工型畜産が抱える矛盾（国内の飼料生産基盤の脆弱性と輸入購入飼料への依存）により，家畜ふん尿の地域内での循環利用が困難になり，それが悪臭や水質汚濁などの環境問題を引き起こす問題である。この問題は，当初は都市型の畜産で発生したが，畜産経営の規模拡大にともなって全国に波及し，「家畜排せつ物法」による規制と対応が行われた。

家畜ふん尿処理への技術的な対応が進められる中で，1970年代には家畜ふん尿の流通に関する研究として，平山・遠藤（1974）が刊行されている。

そこでの問題意識は以下のようなものである。家畜ふん尿問題が先鋭化している大阪府，神奈川県では，早くから家畜ふん尿に関する研究開発面の業績も多いが，「そのほとんどは，…処理して捨てるという考え方に基づく，いわゆる『処理技術』に関する業績である。」そして「このような状態のなかで，畜産多頭農家は一様にふん尿処理に悩まされつづけている」としている。このような中で他方では「家畜ふんの施用効果を重視し，生ふんのままでこれを利用したり，有機質肥料や堆厩肥を加工生産して土地に還元する努力が農民間・経営間で実践されて」おり，さらに「農民外からの家畜ふんの需要が都市住民サイドから発生しつつある。」「それは緑化産業の急速な進展による商品としての家畜ふんの需要であり，また園芸ブームによる一般市民の有機質資材に対する需要の高まりである。」そして，「これらの新規需要に

対応すべく，そこに零細処理業者や大手卸商があらわれ，これら業者の手によって商品的流通のいくつかのタイプが生まれつつある」，と現状をとらえている。

このような認識から本書では，第1に「農民間の組織的流通の必然性と必要性という立場から，農業内部における農業的利用を目的とした非商品ないし半商品的流通の実態」について分析し，第2にその発展形態とみられる「零細業者，あるいは大手企業等流通担当者による農業利用」と「広く都市産業を対象とした商品的流通という新しい問題について」検討を行っている。

流通過程の分析に限定してその結果をまとめると，第1に三浦半島の野菜地帯では，「神奈川県下一円から，主として酪農家がビニールハウスで乾燥した牛ふんを収集している」。ここでの流通利用の特徴としては，①収集範囲の広域性，②有償性，③大量性，④通年性の4点が指摘されている。また，そこでの取引は「有償とはいってもそれは商品そのものの流通ではなく，半製品ないし未熟な商品の農民間流通である」としてる。

第2に，茨城・神奈川・千葉県の家畜ふん尿の農民間流通の事例から，「生ふんから良質の堆厩肥をつくる最低条件をみたし，大多数をしめる中小規模の畜産農家をも組み込んで，安い原価で堆肥の生産流通を組織化する実践的なモデル」として，①「地域間広域流通の組織モデル」，②「地域内流通の組織モデル」，③「小地域内流通の組織モデル」，の三つのモデルをあげている。

同じ時期に，土屋・甲斐（1976），甲斐（1982）では，畜産公害の発生と「農業生産の地域複合化」「農業団地複合化」推進の視点から，大分県豊後高田市を事例にして，厩肥流通について分析を行っている。そこでは厩肥の季節需要の調整としてのコンクリート張り屋根付き厩肥置き場の必要性などが指摘されている。そこでの課題としては，①「厩肥の季節需要を調整する施設の設置」，②「マニュアスプレッダー導入計画」の策定，③「基盤整備と交換分合」を推進し厩肥流通の円滑化を図ることがあげられている（甲斐前掲書）。

9

矢坂（1995）は，家畜ふん尿問題の全体像を考察したものであるが，家畜ふん尿を堆肥センターで大量に処理した場合に必要とされる堆肥の広域流通を実現するための課題として，「マーケティングをはじめとする経営活動に伴う課題」をあげている。具体的には，①広域流通に対応した加工技術の導入（ペレット加工などの高付加価値化，小袋詰め）と販売経費の増大・商品として評価される堆肥製造という新たな課題，②販路開拓，特に大口需要者の開拓，③堆肥の安定供給とそのための原料生糞の計画的な調達，相当量の堆肥のストック保管の必要性，の3点を指摘している。

　また，泉谷（1995）では，愛知県半田市等を事例とした分析から，家畜ふん尿処理と販売の共同化の意義と販売対応の課題についての検討を行っている。そこでは，家畜ふん尿の市場流通システム構築の課題として，①低コスト技術の開発，②需給調整機能をはたす組織の必要性，③品質基準の策定，④効率的な物流体制の構築があげられている。また，研究上の課題としては，①「市場における需給の連結機能についての分析」，②家畜ふん尿市場の形成と処理技術との関係，③地域の伝統的な交換システムと市場流通システムとの関係，④販売対応・価格形成の地域性，⑤「有機質肥料の市場構造との比較」をあげている。

　金（2001）では，アメリカの事例を用いて，家畜ふん尿製品の市場流通拡大のための課題について検討している。結論としての課題は，①「付加価値の高い新しい製品の開発」，②「ふん尿製品の品質・安全性の確保」，③「共同生産システム構築などによる生産コストの低減」，④「供給と需要を結びつけるマーケットやホットラインのような効率的な連結システムの構築」，⑤「販売網の整備や広告活動などのマーケティング強化など」，があげられている。

　以上で，家畜ふん尿（製品）の静脈流通過程を対象とした分析に限定してみてきたが，そこでは「家畜ふん尿問題」を解決するため，あるいは「地域複合農業」形成によって適切な物質循環を形成するために流通過程の課題を明らかにしようとしていた。そして共通した課題として需給の連結機能や需

給調整における課題が指摘されてきた。

2．生活系有機廃棄物リサイクルに関する研究

つぎに，屎尿や生活雑排水，食品廃棄物等の「生活系有機廃棄物」のリサイクルに関する研究をみていきたい。

まず，富岡（1993）では，「生活系有機廃棄物」の農業における循環再利用（肥料としての利用に限定）を対象として，「その存立の根拠と存在意義を経済的視点から評価するとともに，今後の展望を明らかにしようとする」。その分析に際しては，経済性の検討がなされるが，それに付随して流通過程の実態も検討されている。

「生活系有機廃棄物」（屎尿，生活雑排水およびそれらの処理汚泥，厨芥）を分析の範囲とした理由は，「農業廃棄物」や「食品工業廃棄物」と比べて排出の特質と農地からの距離が離れているためにリサイクルがより困難であり，「最も困難な生活系廃棄物が循環再利用されるような社会では，農畜産廃棄物や食品工業廃棄物などは，当然，再利用されている」からである，としている。

このような分析を必要とする背景には，植物栄養物質循環の形成が資源利用の面から必要だからという視点が存在する。また，リサイクルが進むかどうかを分析するに際しては，リサイクル費用や埋立投棄の費用，および社会的費用を含めた費用－便益分析を用いている。分析では，さまざまな事例データを用いて，その発生から利用の段階までを綿密にトレースしたのち，経済性の分析を行っている。

まず，下水汚泥のコンポスト利用を対象とした分析では，脱水汚泥の埋立処分に対する農業利用の経済的な有利性が生じていることを明らかにしている。また，農業集落排水汚泥のコンポスト化の分析でも，汚泥が「肥料もしくは土壌改良材としての再利用されるためには，再利用に要する費用（利用収益控除後）が廃棄処分に要する費用を上回らないことが必要である」が，「現状を見ると，この経済的条件が満たされていること」を明らかにしている。

11

さらに，屎尿処理施設から発生する汚泥や，都市（生）ごみのコンポスト化の事例分析を行っている。都市ごみでは「コンポスト化利用による都市ごみ処分は，焼却や埋立処分にとって代わることはできないが，一定の条件を満たす場合」は「普及し，存立しうるものと思われる」としている。その条件としては，「分別収集に対して住民の協力が得られやすい，埋立地や焼却場の建設地を見つけにくい，耕種農業において有機質資材に対する需要がつよいにもかかわらず答えうる畜産の発達が弱い」点があげられている。
　また，農業における有機質肥料の利用についての分析も行っている（富岡(1996) も参照）。そして，有機質肥料の需給動向，価格の変化を統計的に明らかにし，有機質肥料製造事業者の事例を分析している。そして，最後に，資源循環農業が展開するための条件および必要な施策について検討している。
　佐々木（1999）では，食材廃棄物等の堆肥化とそれを利用して生産された農産物を食卓に環流させる「完全循環型フードシステム」構築という視点から検討を行い，食材廃棄物等からの堆肥の流通システムの形態として，①「地域内収集・堆肥化・域内利用型」，②「拠点排出・収集・堆肥化・域内外移動型」，③「拠点大量排出・堆肥化・域外移動型」の三つの類型をあげている。また，「完全循環型リサイクル」の課題としては，「リサイクルの成否は，循環の中の各ポジションで，循環が機能するための条件をわきまえた役割を担わなければならないことである」としている。ここでは，流通システムを平山・遠藤（1974）と同様に，地域の範囲と排出事業者の排出規模によって類型化する視点を提示している。
　甲斐（2008）では，魚滓および焼酎かすのリサイクルを対象とした検討を行っている。第12章第3節では，都市由来の食品リサイクル資源（ここでは鮮魚小売店，スーパー，水産加工工場から排出される魚滓）を再生利用するための条件を，公社経営による魚滓処理施設を事例として検討している。その中で，魚滓の原料調達，製品製造，製品流通，製品価格について考察を行っている。そこでは以下の点が示されている。
　従来までは魚滓の排出事業者は無料で排出し，それを収集した運搬事業者

はリサイクルを行う公社に有価物として販売していた。しかし，公社が魚滓の有価物としての購入を中止したため（リサイクル事業は継続），排出事業者は処理費用の負担が必要になった。これによって公社の原料調達過程では製品である魚粉の品質を規定する魚滓の鮮度が低下し（排出段階での劣化と，鮮度が良くかつ大口の排出事業者が，有価物として買い入れを行ってくれる魚滓リサイクル業者へ出荷先を変更したため），製造過程においても搬入時間と処理時間のズレから鮮度劣化が進んでいる。このような魚滓の鮮度低下によって魚粉の蛋白含有率が低下したため，製品流通過程では「単独では配合飼料の原料として販売されず，商社を介して調整魚粉メーカーに増量材として販売」されている。また，製品価格では，「魚粉は国際相場商品であり，価格が不安定で」，それが公社の経営を不安定にする最大の要因であることが指摘されている。

これらの分析を踏まえて，事業運営上の課題としては，①魚滓の発生段階と処理段階で鮮度保持を行うこと，②原料の集荷量の増加，③公社の民営化をあげている。そして，都市由来食品リサイクル資源の再生利用条件としては，「関係者の意識を高揚させるシステムづくり」の重要性を指摘している。

また，焼酎かすのリサイクルを対象とした第13章では，飼料価格の高騰からエコフィードの利用が必要であるという視点から，焼酎かすリサイクルにおける原料供給－加工－利用の各主体を経済性の観点から分析を行う中で，その流通過程の実態についても検討を行っている。

3．小括

以上のように，これまでのバイオマスの静脈流通に関する研究の大部分は，経済性の分析に付随する形で流通過程を取り上げている。また，家畜ふん尿での研究が進んでいるが，食品廃棄物等では遅れているといえる。ただし，家畜ふん尿の研究でも，実質的に流通過程の解明の必要性や需給調整の必要性が指摘されているにとどまっているのが現状である。

第4節　分析概念
——バイオマスのリサイクル経路と需給調整プロセス——

　バイオマスのリサイクルを進めることは極めて重要な課題となっている。しかし，リサイクルの推進方策を考える場合，単に物質フローの現状を把握し，そのゆがみを指摘すること[7]，前述のように収益性を検討し，その問題点を指摘するだけでは限界があると考えられる。そのため，バイオマスのリサイクル・フローを経済的な問題としていかに把握するのか。そして，そこで必要とされる需給調整のあり方をいかに制度設計するのかが課題である。

　本書では，バイオマスのリサイクルを点[8]として把握する経営学的な分析ではなく，関与するポイント全体を分析対象とし，ポイント間の関係や流通フローの分析を行える流通論的な分析視角を設定して，バイオマス・リサイクルの現状と課題についての検討を行いたい。

　また，リサイクルを考える場合に，その主体間の関係を利害関係を異にする複数の組織間の関係として明示的に捉えることが必要である。それは，リサイクル・システムを考える場合，その目的が環境の保護や廃棄物の有効利用等，総論としてはどの構成主体も了承する性格のものであるため，システムを構成する各主体がシステムの目的を達成するために協調して行動するものである，するべきであるという視点が強かったと考えるからである[9]。そのために，主体間の対立関係を技術的なものとしてとらえ，矛盾関係として捉える視点が弱かったのではないだろうか。

　具体的に静脈流通過程の分析を行うために本書では①「リサイクル経路」と②「需給調整プロセス」という2つの概念を用いて考察したい。また，③リサイクル経路を「原料調達過程」と「製品販売・利用過程」に分けて考察を行いたい。

1．バイオマスのリサイクル経路

　本書では，廃棄物系及び未利用バイオマスがリサイクル利用されるときの具体的な流れを，処理やバイオマス変換の技術的なフローとしてではなく，経済主体間での取引の流れ，取引関係の側面からとらえたものを「リサイクル経路」と呼ぶ。それはリサイクルにおける具体的な取引の流れであり，商流，物流，情報流を含む。また，個別の企業の管理する対象としての取引経路を「リサイクル・チャネル」[10][11]とよぶ。そして，リサイクル経路の構造，構成する各主体の性格と機能，関係を解明することを目標としている。

　なお，本書では，廃棄物系バイオマスと未利用バイオマスを対象としているが，対象とした品目や用途によっては逆有償ではなく，「プラスの価格」で取引されるものがみられる。これらの取引過程を静脈流通やリサイクル・チャネルの領域で取り扱うことが適切かどうかという問題がある。この点は「廃棄物」をどのように定義するかという問題にもなるが，細田（2012）が指摘するように，本書では結合生産物としての「残留物」[12]には，プラスの価格がつけられる「グッズ」とマイナスの価格がつけられる「バッズ」が存在し，この2者の関係は需給関係によって変化し，相対的なものであるととらえている。そのため，本書で取り扱う有機性の「残留物」の取引過程は「静脈流通」「リサイクル経路」として把握したい。

　通常の商品流通と比較して，バイオマスの流通過程の特徴は，①法規制の存在，②副産物であることによる供給の不安定性，③価格が需給関係によってマイナスからプラスの間で変化する，④生産財としての利用が主体である，という点にある。

　なお，バイオマスのリサイクル経路をみていく上では，「用途」と「地域」を二つの軸として設定している。なぜならば，一般にバイオマスは水分割合が高く，重量比での養分量と価格が著しく低いために，広域的な流通には向いておらず，地域内での活用が必要であるとされている。しかし，本書の分析でみていくように，バイオマスの個別のリサイクル・チャネルは現実に

15

は広域化する傾向が強く，そのことによって用途間，地域間，品目間で相互にチャネル間での影響や問題が発生しており，具体的な移動の範囲を考慮に入れる必要があるからである。

また，リサイクル経路における価格形成の仕組みの特殊性があげられる。バイオマスの静脈流通においては，プラスの価格がつく段階からマイナスの価格（逆有償，処理費用がかかる場合）の段階までが含まれている。同じ品目であっても，他の競合する商品価格に影響されて用途（処理方法）によって価格が異なる場合がみられ（例えば堆肥化と飼料化では異なる），価格の地域性も著しいと考えられる。そのため，どのような要因に規定されてバイオマス（特にバイオマス原料）の価格が形成されるのかの解明が必要である。

2．バイオマスの需給調整プロセス

本書では第2に需給調整の問題を取り扱う。需給調整とは，需要と供給の間で発生する量や品質の不均衡を解消する取り組みのことであるが，一般商品の場合，価格をシグナルとして行われる場合と生産量や在庫量の調整によって行われる場合の二つのパターンがある（森岡（2005））。このような一般商品の需給調整に対して，バイオマスの需給調整は特殊な形態を取らざるを得ない。

それは原料バイオマスの需給関係をみた場合，その供給量と需要量は，異なった市場によって形成されるからである。すなわち，原料バイオマスは副産物であるため，その供給量は主産物の供給者が直面する主産物の販売市場によって規定されるのに対して，需要量は需要側の直面するリサイクル製品の販売市場によって規定されることによる。

また，副産物であることから，原料バイオマスへの需要量の増加に伴ってその価格が上昇した場合でも，それに反応した「発生量」の増加を求めることはできない。唯一，未利用部分の市場への供給増に期待ができるが，未利用部分は収集・運搬コストの高い小規模事業所から排出される部分が多く，収集チャネルが未形成なため，短期的にそこからの供給量を増加させること

は困難である。また，需要量の減少によって供給過剰になり，価格が低下したとしても，供給量の低下は期待できないため，未利用量の増加を引き起こす。さらに，保存性が低いため，在庫による調整は困難である。

以上の点から，バイオマスの需給調整における価格の役割は限定的であると考えられる。また，品目によって価格の規定性は異なっていると考えられる。

このような中で，バイオマスの利活用で成功している事例を見た場合，利活用システムの中に需給調整の仕組みを組み込んでいる場合が多い。そのため，供給の不安定性の存在とそこから発生する諸問題を解決するためには，バイオマスの供給変動を各経済主体がどのように調整を行っているのか，各経済主体の個々ばらばらな動きの結果どのような構造が形成されているのか，を解明することが必要である。そして，バイオマスの需給調整をどのような主体が，どのような方法で，何をパラメーターとして行うかの検討が必要である。

本書では，バイオマスの需給関係において，地域間，用途間，品目間（各構成主体間および要素間）の複合的な調整の仕組みを「需給調整プロセス」とよぶ。ここで「需給調整システム」という用語を採用しない理由は，この需給調整の仕組みは実態としてみると（第5章参照），「それぞれ独立して一定の機能をもつ幾つかの部分あるいは要素が相互に連動して，全体として特定の目的ないし方向に整一した行動をおこす統一された体系」としての「システム」（堀田（1995）p.142）として把握することは困難であり，各個別主体が個々ばらばらに自由な経済活動を行っている「プロセス」として位置づけられるからである。そして，それがさまざまな問題を発生させる原因にもなっているのである。

また，需給調整はともすれば調整弁や調整費用の，より弱い経済主体への「押し付け」になりがちである。その場合，弱い環に矛盾が集中し，それら環の静脈市場からの脱落が始まり，不法投棄や不適切処理等の問題が発生することになる。その面からも需給調整プロセスの解明は，実践的にも重要で

あるといえる。

3．バイオマスの「原料調達過程」と「製品販売・利用過程」

　バイオマス利活用の課題として，バイオマス事業における原料調達上（入り口）および製品販売上（出口）の課題があることが指摘されている（農林水産省「バイオマス事業化戦略」）。特に廃棄物系および未利用バイオマスの場合，原料の調達過程においては副産物であることによる供給制約（数量制約と不安定性）をうけ，一般商品のように原料の必要な質と量を価格に対応することで調達できる条件にはない。また，バイオマス製品の利用に際しても，一般商品のように確立した市場が存在するわけではなく，一般の競合商品と比較しても質と価格の両面から劣る場合が多いため，販売や利用過程においても困難を抱えている。そのことから，原料調達と製品販売・利用の両過程に独自の課題を抱えざるを得ないのである。

　その中で，バイオマス事業における原料調達に際しては，それら資源利用の局地的な性格から，地域の原料バイオマスの需給構造との関連性の解明が必要であり，バイオマス製品の販売・利用においては地域の消費財と生産財の双方を含む資材市場との関連での分析が必要である。

　本書では，バイオマスのリサイクル経路の分析に際して，原料バイオマスの需給における原料供給サイドと変換事業者間の過程を「原料調達過程」，製品バイオマスの需給における変換事業者と製品需要サイド間の過程を「製品販売・利用過程」として分析を行いたい。

　なお，品目によっては原料供給サイドがバイオマス変換事業を行う場合があるが，その場合には「原料調達過程」は存在しない。また，最終製品のユーザーがバイオマス変換事業を行う場合には「製品販売過程」は存在せず，「製品利用過程」が存在することになる。

第5節　対象品目と対象地域の位置づけ

　つぎに本書の分析で対象とした品目の位置づけを行っておきたい。バイオマスに関する研究をまとめた文献では，特定の変換技術を中心にしたものが多く，そのために対象とされるバイオマスの種類は商品特性においては類似したものになる場合が多い。例えば，バイオガスに関する古市（2010）では，家畜ふん尿や食品廃棄物のような水分含有率の高いウェットバイオマスを対象としている。また，液肥利用を対象とした矢部（2014）でも「高水分」バイオマスを対象としている。

　これに対して，本書ではバイオマスの静脈流通過程を対象としていることから，取り上げた品目は商品特性の異なった複数の品目に渡っている。具体的には本書で取り上げた順に①家畜ふん尿，②りんごジュース製造副産物，③木質バイオマス，④米ぬか，⑤廃食油，⑥もみ殻，⑦稲わらである。バイオマス変換方法を選択する際に大きな規定性をもつ水分含有率についてみただけでも，それが高い①②（⑤）から低い③④⑥⑦まで広く対象としている。

　そこで，これらの品目を農畜産物市場の類型を参考にして以下の5つに類型化を行った（美土路（1994）を参考にした）。

(A) 農業生産者と農業生産者間の市場：家畜ふん尿の堆肥利用，稲わらの飼料利用
(B) 地場加工資本と農業生産者間の市場：りんごジュース製造副産物の飼料利用
(C) 協同組合と最終消費者間の市場：木質バイオマス（森林組合）の燃料利用，もみ殻（農協）の燃料利用
(D) 協同組合と加工資本間の市場：米ぬかの食用油利用
(E) 流通業者，最終消費者と農外企業間の市場：廃食油の燃料利用

(A) から (E) に行くに従って，関係する主体が農業生産者から農業関連産業，非農業部門の産業へと広がっていく傾向にある。
　このような類型は，農業における社会的分業の進展と物質循環の関係を考察し，各品目と市場との関係を考察するのにも有益である。
　農業における社会的分業の進展は，自給的農業（現物経済）が商業的農業として展開する過程である。それは，①経営部門分化（専門分化），②生産資材生産の分化，③加工・流通部門の分化，④そして廃棄物処理・リサイクル部門の分化としてあらわれる。この過程で，それまで自給的に利用されていた資源が商品化され，市場の領域が拡大していくことになる。
　このような社会的分業の進展にともなって，従来までは一つの経営の中で単一的な意思決定の下で行われてきた残留物の利用に関しても，経営体間での交換や売買による移動が必要になる。
　(A) は①の経営部門分化に対応し，(B) (D) は③に対応する。(C) (E) は②や④の分化を橋渡しする。また，①の専門分化が地域的な分化をともなう中で，本書でも見ていく流通の広域化が発生することになる。
　このように静脈流通の発展を社会的分業の進展との関係でみていくと，阿部（1998）のように（注10も参照），リサイクル・チャネルを市場システムと非市場システムに区分してとらえるのではなく，自給，交換から市場取引への変化の過程として各品目やリサイクル・システムを位置付けて検討することが有益であると考えられる。ただし，残留物は社会的分業の進展の過程で商品としての性格は強まるが，完全な商品化は困難である。それは，残留物は結合生産物のため，労働力や土地のように，商品として販売することを目的に生産されていないからである。
　つぎに，本書が分析対象とした地域は，北海道や東北のような北日本の積雪寒冷地である。第1に，これらの地域は，秋の天候不順や冬期間の積雪によってバイオマスの利用に強い制約がもたらされており，その強い制約の下でのバイオマス利用の取り組みは，他の地域でも参考になると考えられる。第2に，北海道や東北の農業構造は，地域分化を伴いながらも，稲作，果樹，

野菜，畜産が併存し，特に耕種と畜産の併存は，バイオマスの利用を検討する上では非常に適した地域であると考えられる。

第6節　本書の構成

　本書はリサイクル経路，需給調整，原料調達過程をそれぞれ扱う3部に分かれている。

　第1部では，バイオマスのリサイクル経路の特質について，第2章では1990年代の愛知県と北海道の家畜ふん尿を，第3章では2000年以降の青森県のりんごジュース製造副産物を，そして第4章では東アジアの果実ジュース製造副産物をそれぞれ対象にして検討を行う。

　第2部では，需給の不安定性を伴うバイオマスにおける需給不均衡を解消しようとする様々な取り組みを，第5章では青森県のりんごジュース製造副産物を対象として需給調整プロセスという視点から行う。また，第6章ではその中で発生している需給の地域間不整合問題を東北の木質ペレット燃料の需給関係から示し，第7章でその不均衡を地域的に調整する主体の存立条件を北海道の米ぬか市場を対象として行う。さらに第8章では廃食油バイオディーゼル燃料事業を対象として，原料調達過程と製品販売・利用過程の間での需給調整メカニズムについての検討を行う。

　第3部では，バイオマス利活用における原料調達過程を対象とした分析を行う。原料調達過程は，原料バイオマスの供給サイドと需要サイドである収集・変換事業者との間で形成される。そのため，バイオマス利用を拡大するためには，原料バイオマスの供給サイドの視点からの分析と需要サイドの視点からの分析が必要である。そこで，第9章では青森県のもみ殻固形燃料化事業を対象とした需要サイドの視点からの分析を，地域の原料市場との関連で行う。また，第10章では青森県の稲わらの供給サイドの視点から「処理・利用方式」の特質についての分析を行う。

　なお，各章の事例は，一部を除いて同じアルファベットの記号（例えばA

社等）であっても異なった事業所事例を意味している。

注

（1）「バイオマス・ニッポン総合戦略」（2006年閣議決定）では，バイオマスとは「再生可能な，生物由来の有機性資源で化石資源を除いたもの」とされている。また「バイオマスは，地球に降り注ぐ太陽のエネルギーを使って，無機物である水と二酸化炭素（CO_2）から，生物が光合成によって生成した有機物であり，私たちのライフサイクルの中で，生命と太陽エネルギーがある限り持続的に再生可能な資源である。」としている。

同戦略では，バイオマスを①「廃棄物系バイオマス」，②「未利用バイオマス」，③「資源作物」，④「新作物」に区分している。本書での「バイオマス」とは①「廃棄物系バイオマス」と②「未利用バイオマス」をあわせたものとして使用しており，③「資源作物」と④「新作物」を含まない。

また，「廃棄物系バイオマス」は，「廃棄される紙，家畜排せつ物，食品廃棄物，建設発生木材，黒液，下水汚泥」等が含まれ，「未利用バイオマス」には「未利用である農作物非食用部，林地残材」が含まれる。

（2）ここでいう「静脈流通」とは，「残留物」（注12参照）の処理・リサイクル過程を意味している。

まず，植田（1992）は，「動脈系統」と「静脈系統」の二つの概念について，「ものを生産する，使うという活動を『動脈』の系統」，「廃棄物を適正に処理するとか，リサイクルをするという活動を『静脈』の系統」とし，「『動脈』の系統は非常に発展したけれども，それに比して『静脈』の系統は十分に発展しなかった」と述べている。

また，吉野（1996）は，「経済マテリアル・フロー」のうちで，「原料採取→生産→流通→消費の流れ」を「動脈過程」，「廃棄物の排出→収集運搬→分解分別→還元・廃棄の流れ」を「静脈過程」とし，「動脈過程を担う諸産業」を「動脈産業」，「その市場を動脈市場（一般市場または生産物市場）」としている。また，「静脈過程を担う産業」を「静脈産業」とし，「その市場を静脈市場（広義の廃棄物市場）」と呼んでいる。さらに，静脈市場は「（狭義の）廃棄物市場」と「再生資源市場」からなるとしている。

高橋（2002）p.90では，「商品の流れを」「『動脈流通』」とすれば，その商品の生産，消費に伴う廃棄物の流れ」を「『静脈流通』として取り上げ，両者をセットとして考える必要がある」と指摘している。

（3）千葉日報 http://www.chibanippo.co.jp/news/chiba/politics_economy_kiji.php?i=nesp1244079785（2010年6月9日アクセス）。また，動植物性残さを原料として堆肥生産を行っていたジャパン・サイクル（株）（本社・宮城県）も2007年度に「北海道企業立地促進条例」による1億2,028万円の補助金交付実

績があるが（北海道　http://www.pref.hokkaido.lg.jp/kz/sgr/yugu/19_jisseki_rittihojyokin.htm（2010年8月20日アクセス））、2010年1月に東京地方裁判所に対し会社更生手続開始の申し立てを行っている（ジャパン・サイクル（株）http://www.japancycle.com/（2010年6月9日アクセス））。
（4）総務省「バイオマスの利活用に関する政策評価〈評価結果及び勧告〉」（2011年2月15日）（総務省　http://www.soumu.go.jp/menu_news/s-news/39714.html（2013年7月16日アクセス））。そこでは，「効果が発現しているものは214事業中35事業（16.4％）。これらについても，国の補助により整備された施設の稼働が低調なものが多いなど，期待される効果が発現しているものは皆無。さらに，バイオ燃料の製造施設に対する補助事業を3省でそれぞれ実施するなど，複数の省や部局が類似の事業を実施しており非効率な例あり」と述べている。
（5）この分野で最も早い研究成果である富岡（1993）も，基本的な分析視点は費用と収入の関係からの経済性の分析である。この他にも，佐々木（2001），藤科・小沢（2005），川手他（2006），佐藤（2007），市川（2007）第3章，甲斐（2008）第13章，近藤（2013）第2章・第3章，淡路（2013），森本（2014），矢部編（2014）第6章・第13章があげられる。
（6）農林水産省「バイオマス事業化戦略の概要」（2012年）（農林水産省　http://www.maff.go.jp/j/shokusan/biomass/b_kihonho/pdf/gaiyo.pdf（2013年10月14日アクセス）。
（7）この点に関しては「物質代謝論アプローチ」での分析が行われている。本アプローチに関しては寺西（1991）を参照。農業分野では窒素収支を検討した三輪・岩元（1988），三輪・小川（1988），袴田（1996），織田（2004）がある。また，窒素収支を貿易問題と結びつけて議論したものに，鈴木（2005）がある。植田他（2012）もこのアプローチからの分析のまとまったものである。また，物質代謝論アプローチの限界に関しては諸富（2003）の重要な検討がある。
（8）ある一つの主体をポイントとして分析対象にした場合，実態としてその主体には問題がなくても，他の主体に矛盾が移動している場合が見逃される危険性がある。また，分析者としても，ある主体において発生している問題の解決策を考える場合に，他の主体に解決を依存する危険性がある。その面からもポイント間の関係が重要であるといえる。
（9）崔・石井（2009），渡辺他編（2011），マーケティング史研究会編（2010）を参考にした。
（10）「リサイクル・チャネル」という概念は，これまでも松隈久昭氏，西尾チヅル氏，阿部真也氏らによって使用されている。松隈（1999）（2000）（2001），西尾（1999），阿部（1998）がある。
　　　日本で最も早い段階で静脈流通の研究の必要性を指摘し，「リサイクル・チャ

ネル」概念について分析を行った阿部（1998）では，リサイクル・チャネルの特質について検討を行っている。そこでは，「従来のチャネルとは逆に，出発点が消費者であり終着点がメーカー」であることがその特質としてあげられている。また，従来のチャネルとの共通点としては，「品目別または使用価値別に選別され，それぞれの専門業者によってメーカーに結びつくという点」，および「公営のリサイクル・センター」が「伝統的チャネルの卸売センターと類似の役割を果たしている」ことがあげられている。

さらに伝統的なチャネルとの相違点はその「価値的・商流的側面」にあるとし，出発点は無価値物であり，終着点で実現される価値がコストをカバーできないことが普通のため，「利潤の実現と配分を目的としたチャネル形成は，事実上不可能」であり，「非市場的な流通活動と一体化されることによってのみ，廃棄物の商品化と市場化は可能となる」としている。そのため，リサイクル・チャネルの分析には「伝統的なチャネル概念の非市場分野への拡張と再概念化が要請される」としている。

また，脇田（2012）では，リサイクル・チャネル（脇田氏は「逆流通」という概念も用いている）の特徴についてまず小林一氏の分析を援用し，第1にこの逆流通経路では消費者が「始発点に位置し，生産者が終着点に位置する」ため，「生産者，商業機関，消費者の役割が変化する」こと。第2にそこでの構成員には「公共の回収センター（非営利組織），ボランティア組織，廃棄物回収専門業者」が含まれ，「流通構成員の範囲と責任を拡大する」こと。第3に消費者は廃棄物を再利用者や再使用者の用途を考えて排出しないため，商品開発の時点からリサイクルしやすい工夫が必要なこと。第4にそこでは「物的流通の側面が重要」になること。第5に，残余物（廃棄物）の価格は低いかゼロなのに対して，物流コストは高額になるため，「十分な回収量の確保，回収地点の集約化」が必要であり，「分類と集積が大切」である，としている。これらの点を踏まえて脇田氏は，「廃棄物の再生資源への転嫁の重要かつ必要な条件は，さまざまな物質の混合物をできるだけ単純で均質な物質に分解・分別すること」であり，製品流通で品ぞろえ形成機能を形成する選別，集荷，分荷，取りそろえのうち，「選別と集荷が廃棄物流通においてきわめて重要であることを意味する」としている。

(11) 基本となる「流通チャネル」「流通経路」の概念は，崔・石井編（2009）に基づく。
(12) ここでの「残留物」とは岩佐（1996）によれば，ドイツの「循環経済・廃棄物法」で定義されており，「生産過程や消費の過程で排出されたもの」である。「そのうち有効利用可能なものが『二次原料』，利用不可能なものが『廃棄物』」とされている。日本の「廃棄物処理法」における「廃棄物」の定義とは異なっている。

第 1 章

バイオマス利用の意義と現状

　本章では，第2章以降の具体的な分析に入る前に，バイオマス利用の意義と現状について整理しておきたい。

第1節　バイオマス利活用推進政策の推移

　バイオマスの利活用推進政策は，当初は廃棄物対策としての側面が強かったが（「食品リサイクル法」2001年（2007年改正），「家畜排せつ物法」1999年，「バイオマス・ニッポン総合戦略」2002年），バイオ燃料が注目される中で地球温暖化対策・エネルギー対策の側面が強調された（「新たなバイオマス・ニッポン総合戦略」2006年，「農林漁業バイオ燃料法」2008年）。そして，その後の資材価格高騰下では資源の有効利用の側面が重視されている。
　このような状況の中で，バイオマスの資源利用の推進を行うために，食品循環資源から作られた肥料を第三者認証機関が認証し，それを使って育てた農産物やその農産物を原料とした加工食品に識別マークを与える「食品リサイクル製品 - 認証・普及制度」が2009年から始まった[1]。また，同年から食品循環資源を利用した飼料の中で一定の基準を満たしたものを「エコフィード」として認証する「エコフィード認証制度」も始まっている[2]。なお，この年には「バイオマスの活用の推進に関する施策を総合的かつ計画的に推進する」ために「バイオマス活用推進基本法」も制定されている。
　また，2010年には「バイオマス活用推進基本計画」が閣議決定され，2020年の目標として，①約2,600万炭素トンのバイオマス活用，②約5,000億円規模の新産業創出，③600市町村のバイオマス活用推進計画策定，があげられ

ている。

　その後，東日本大震災をきっかけにして再生可能エネルギーへの期待が高まるが，バイオマスも再生可能エネルギー利用の側面が強調された。そして2012年には，各省庁で構成されるバイオマス活用推進会議において「バイオマス事業化戦略」が決定され，「バイオマス産業都市」の構築を推進することとなった。

第2節　バイオマスの農業資材利用

　バイオマスは，現状では肥料や飼料としての利用が主体であり，農業資材として利用されている。まず，バイオマスの農業資材利用の意義と限界について整理しておきたい。

1．バイオマスの農業資材利用の意義

　農業資材をバイオマスから生産された農業資材（以下，バイオマス農業資材）へ転換することは，コストの削減やバイオマス利活用一般に共通するメリットの他に，どのような意義を有しているのであろうか。既存の農業資材市場に関する研究を踏まえると（山田（1984）），それは以下の3点にまとめられる。

　第1に，既存の農業資材（原料）の供給がグローバルな大企業を主体になされているのに対して，バイオマス農業資材（原料）の供給は農業部門あるいはローカルな中小の静脈産業によって担われている。このことから，バイオマス農業資材を用いることで，農民が既存の大企業主体の資材価格形成の枠組みから自立化し，一定の価格形成の自由度を得る可能性がうまれる。

　第2に，このことによって，農業資材の技術開発も大手企業の主導から農民主導に転換する条件が形成され，農民的技術（環境保全型農業技術，循環型農業技術）の発展の可能性が高くなる。

　第3に，現状の農業資材供給構造では，農業生産構造と農業資材産業の関

係・循環が切断されており，両者は跛行的に展開している。地域資源を利用したバイオマス農業資材の利用は，この再接続による両者の均等な発展の可能性を有している。

ただし，以上の点はあくまでも可能性にすぎず，近年では「食品リサイクル法」における「リサイクル・ループ」のように食品産業によるバイオマス利用の包摂の動きもあり，農地へのバイオマス農業資材の適切な投入を制度的に確保する必要がある。また，バイオマス農業資材の輸入も行われており，バイオマス利用における商社，食品産業，リサイクル産業と農業とのかかわり方がますます重要になっているのである。

2．バイオマス農業資材利用の限界

つぎに，バイオマス農業資材利用の限界についてみていきたい。

それは，リサイクル原料の供給が家庭等の最終消費段階や食品産業，農業経営によって行われており，これらは消費財の消費および供給部門だという点に求められる。すなわち，消費財供給・消費部門が副次的に生産財（原料）の供給を行っているという点にある。

そのため，第1に国内におけるバイオマスの発生量は国内の消費市場の大きさ（需要量）と廃棄率に規定される。すなわち，家畜排せつ物は国産畜産物に対する需要量に，下水汚泥は食品等の国内消費量に，食品残さは食料の消費量と廃棄率に制約される。このことは，バイオマス農業資材の供給量には上限があり，一般の農業資材を代替するには限界があることを意味している。

第2に，バイオマスの農業資材利用を行うということは，原料としての廃棄物の安定的な確保が必要になり，常に廃棄物の「安定的な発生」を前提としていることになる。これは資源の有効利用をその基礎とする循環型社会の理念と矛盾する。そのため，この点からは廃棄物の性格の違いに配慮した利用の推進が必要になる。

具体的には，「副産物系廃棄物」と「ロス系廃棄物」の区分が必要である。

ここでいう「副産物系廃棄物」とは，家畜排せつ物，下水汚泥，食品加工残さのように食品の加工や食品・飼料の消化の結果として必然的に発生するものである。これに対して，「ロス系廃棄物」とは，食べ残し，加工ミスによる廃棄等のように食品の流通・加工・消費過程において使用されずにそのまま廃棄されるものである。

　この区分を用いると，両者は素材としては類似することから，技術的な視点からは区別されないが，社会的な視点からは異なった対応が必要になる。すなわち「副産物系廃棄物」は必然的に発生するものであるため，リサイクル率を高めていくという対応が必要である。これに対して，「ロス系廃棄物」に依存することは浪費型市場構造（泉谷（2001））を前提とすることになるため，これを原料の中核として位置づけることは避け，出来るだけ食品ロスの発生を減らす方向で対応する必要がある。

　さらにこの点は，リサイクル産業の育成にも関係する。すなわち，「ロス系廃棄物」は浪費型市場構造に依存することから，農畜産物市場構造の変化によって食べ残しや食品廃棄（弁当や惣菜の廃棄等）の減少が発生する可能性が常にある。その場合，リサイクル産業にとっては，原料としての廃棄物の調達が難しくなり，事業の継続が困難になるという危険性をともなっている。すなわち，浪費型市場構造に基礎をおく「ロス系廃棄物」に依存したリサイクル・システムは不安定にならざるを得ないのである。

第3節　バイオマス利用の現状

　つぎにバイオマス利用の現状についてみていきたい。

1．バイオマス利用の物質フロー

　まず，バイオマス利用の物質フローを図1-1に示したが，そのフローは，以下の3つに類型化できる。

　第1に耕種経営と畜産経営の間でのフローがある。これは耕種経営から農

第1章　バイオマス利用の意義と現状

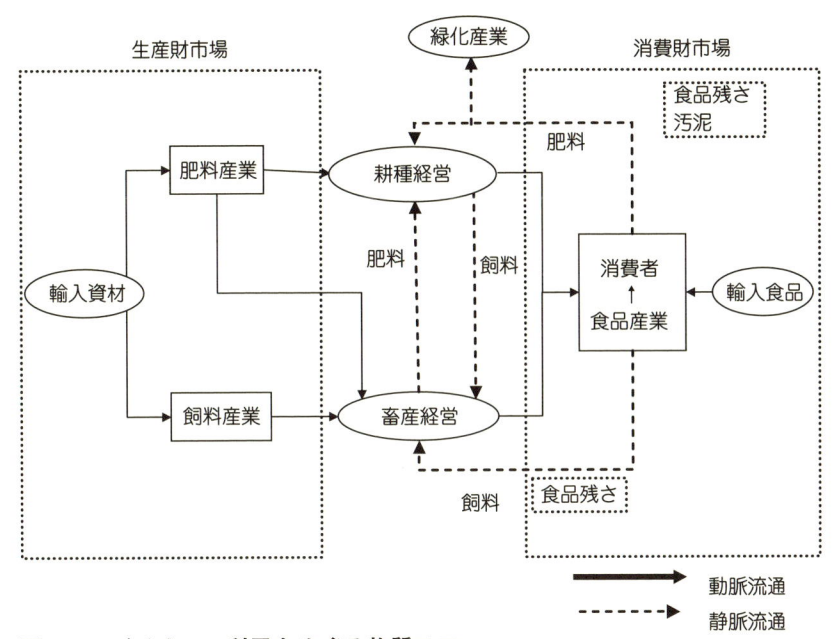

図1-1　バイオマス利用をめぐる物質フロー

産廃棄物（稲わら等）が畜産経営に飼料として供給されるフローと，畜産経営から家畜排せつ物堆肥が耕種経営に供給されるフローとがあり，両者が成立すると理想的な「耕畜連携」モデルとなる。

　第2に最終消費者・食品産業と農業経営の間のフローがある。これは最終消費段階，食品産業から発生した食品残さ（加工残さ，調理残さ，食べ残し）が肥料や飼料として農業経営（耕種経営，畜産経営）に向かうフローである。生産された農畜産物が排出した消費者や食品産業に供給される場合，「リサイクル・ループ」モデルとなる。

　第3に最終消費者・食品産業と緑化事業の間のフローがある。これは最終消費段階や食品産業から発生した食品残さや汚泥（下水汚泥，食品産業汚泥等）が肥料としてリサイクルされ，緑化事業に向かうフローである。

　いずれのフローも現代の日本では，食料・飼料の輸入による流入分が含まれるため，「自然の循環」にはならないという限界がある（富岡（2003））。

これらのフローの他に近年では，食品廃棄物である廃食用油の燃料利用（バイオディーゼル燃料利用）や，木質バイオマスの燃料利用，家畜排せつ物のバイオガス燃料利用のようなバイオマスのエネルギー利用のフローも拡大している。また，利用できずに焼却・埋め立てされている部分もかなり存在している。

以下では，このうちのいくつかの品目について，発生と利用状況について整理したい。

２．バイオマスの利用状況

つぎに，主要なバイオマスの利用状況について統計数値からみていきたい。

(1) 食品廃棄物

まず，表1-1から2011年度について食品廃棄物の発生と再生利用状況についてみていきたい。発生量では，家庭から発生する量がおよそ1,000万 t で最も多く，ついで事業系，産業廃棄物の順になっている。

再生利用割合をみると，食品製造業から発生する産業廃棄物では再生利用割合が８割と高くなっているが，家庭や事業所（食品流通業，外食産業等）から発生する一般廃棄物ではその割合は12％と低くなっている。また，一般廃棄物の中でも家庭系は６％と低く，事業系では「食品リサイクル法」の規

表1-1 食品廃棄物の発生量及び処理状況（2011年）

(単位：万t)

	発生量	焼却・埋立処分量	再生利用量（割合）	肥料化量	飼料化量	その他量
一般廃棄物	1,453	1,276	177 (12.2)	−	−	−
うち家庭系	1,014	952	62 (6.1)	−	−	−
うち事業系	440	324	115 (26.1)	41	40	35
産業廃棄物	275	55	220 (80.0)	37	167	15
合計	1,728	1,332	397 (23.0)	−	−	−

（資料）環境省『平成26年版 環境・循環型社会・生物多様性白書』による。
（注）再生利用は，食品リサイクル法で規定している用途以外も含んだ数値。

制もあるため26％と相対的に高くなっている。

　また，産業廃棄物では肥料化が再生利用量の17％なのに対して飼料化が76％と高くなっているが，事業系の一般廃棄物では肥料化，飼料化，その他がほぼ同じ割合になっており，産業廃棄物と比較した場合には，肥料化とその他の割合が高くなっているのが特徴である。この背景には，比較的同質の食品廃棄物が1カ所から大量に発生するためにリサイクルがしやすい産業廃棄物と，複数の種類の食品廃棄物や夾雑物が混入し，1カ所からの排出量が少ないためにリサイクルが困難な一般廃棄物の違いがあると考えられる。

(2) 下水汚泥

　つぎに，下水汚泥についてみていきたい。

　下水汚泥のリサイクル率は年々高まっており，1990年の16％から2006年には74％に上昇している。2006年の発生量は223万ｔであり（汚泥発生時乾燥重量ベース，以下同じ），このうち埋立が25.1％，再生利用は74.5％となっている。再生利用量166万ｔのうち，「緑農地利用」は33.2万ｔ（20.0％）であり，緑農地利用の内訳をみると，「コンポスト」が24.0万ｔで一番多く，「天日乾燥汚泥」3.0万ｔ，「脱水汚泥」2.8万ｔ，「焼却灰」2.6万ｔと続いている[3]。

　緑農地利用でのコンポスト利用のうち，どの程度が農業利用なのかを2000年の数値からみると[4]，利用主体は「農家」と「市民」が各30％で最も多く，ついで「自治体」18％，「造園」7％，「農協」6％となっている。利用先では，「田・畑」が43％で最も多く，ついで「緑地」25％，「公園」16％となっている。

(3) 家畜排せつ物

　畜産経営から発生する家畜排せつ物であるが，2011年の産業廃棄物としての集計値では8,446万ｔであり，96％が再生利用されている（環境省「産業廃棄物の排出及び処理状況等（平成23年度実績）について」による）。

　表1-2から再生利用の状況をみると，畜種によって大きく異なり，乳用牛

表1-2　家畜排せつ物の自家処理によるたい肥化の状況（2000年）

	家畜排せつ物の年間発生量（千t）	たい肥の生産量（千t）	経営耕地還元（%）	販売（%）計	個人販売	農協等への出荷	肥料会社等へ出荷	敷料等と交換（%）	耕種農家等へ譲渡（%）
計	81,157	16,434	35.9	34.8	23.5	4.9	4.8	7.6	16.3
乳用牛	28,964	4,892	62.9	15.0	12.1	1.1	1.4	11.1	7.2
肉用牛	23,804	6,073	37.2	37.0	25.4	6.7	3.8	9.4	13.0
豚	20,494	3,840	12.7	41.8	31.3	5.2	3.4	3.1	33.3
採卵鶏	7,895	1,630	4.6	69.3	32.4	9.4	22.1	0.8	16.1

（資料）『平成12年度 持続的生産環境に関する実態調査 家畜飼養者によるたい肥化利用への取り組み状況調査報告書』（2002年），農林水産省統計情報部。

では経営耕地への還元が6割で最も多く，採卵鶏では販売が7割で最も多い。肉用牛では経営耕地還元と販売が同程度であるのに対して，豚では販売と耕種農家等への譲渡が多くなっている。乳用牛→肉用牛→豚→採卵鶏の順に家畜排せつ物の商品化が進んでいるといえる。

3．バイオマス農業資材の利用と調達方法

つぎに，バイオマス農業資材の農業部門での利用状況について，飼料利用に限定してみていきたい。

養豚業での利用を「養豚基礎調査」の結果からみると（表1-3），利用経営割合は2003年の9.6％から，2005年以降は変動は見られるものの，15～20％水準で推移している。

表には示していないが，2008年度の概要をみると，①地域別の利用経営割合では，近畿が58％で最も高く，ついで東海31％，中国・四国27％，九州・沖縄23％となっており，近畿での利用経営割合が高くなっている。

②リサイクル飼料の原料別の利用割合では，「パン類」が52％で最も高く，ついで「食品製造粕」30％，「ご飯，米加工品」29％，「厨芥（食堂，レストラン，家庭での食べ残し）」27％と続いている。

③リサイクル飼料原料の利用方法では（2007年度），「常温保存してそのまま利用」が61％で最も多く，ついで「加熱して利用」22％，「加熱乾燥」

表1-3 養豚経営におけるリサイクル飼料の利用状況

(単位：％)

年度	2003	2005	2006	2007	2008	2009
リサイクル飼料の利用割合	9.6	17.3	13.9	15.4	19.3	16.0
飼料米の利用割合	−	−	−	−	1.1	2.6

（資料）「養豚基礎調査全国集計結果」各年次（社団法人　日本養豚協会）。

12％となっている。

　④調達方法では（2007年度），「食品製造工場から」が52％で最も多く，ついで「レストラン，ホテル，給食センターなどから」が32％，「加工された乾燥飼料を購入」が28％で続いている。

　今後の意向に関しては（2009年度），リサイクル飼料を現在使用している経営では「このまま継続したい」が67％で最も多く，ついで「拡大したい」が29％となっている。

　このように，養豚業では食品メーカーや飲食店等の事業所から直接入手し，低次の加工を行って利用していることが分かる。

注
（1）日本土壌協会　http://www.j-soil.net/FR/（2010年6月7日アクセス）。
（2）日本科学飼料協会　http://kashikyo.lin.gr.jp/ecofeed/eco.html（2010年6月7日アクセス）。
（3）日本下水道協会　http://www.jswa.jp/05_arekore/data-room/05/riyou/data.html（2010年6月8日アクセス）。国土交通省調べ。
（4）日本下水道事業団　http://c119ga1b.securesites.net/gikai5/jituyoukagijutu/konposuto.pdf（2010年6月8日アクセス）。アンケート調査結果。

第1部

バイオマスのリサイクル経路

第2章

「家畜排せつ物法」施行以前における家畜ふん尿リサイクルの特質
―1990年代の愛知県と北海道を対象として―

第1節　本章の課題

　本章の課題は，1999年に制定された「家畜排せつ物法」（「家畜排せつ物の管理の適正化及び利用の促進に関する法律」）による対応が行われる以前の家畜ふん尿の販売対応について，その共同化と広域流通化の二つの側面から解明することである。

　家畜ふん尿の処理問題は，畜産経営の発展にとって大きな課題となっている。特に，輸入飼料に依存して発達し，国内の飼料生産基盤が弱い畜産経営にとっては，経営内部で発生する家畜ふん尿を，自己が保有する農地に還元することが困難である。また，混住化が進む中では，家畜ふん尿による悪臭への周辺の非農家世帯から出される苦情などが問題となる。農村部においても畜産経営の規模拡大が進む中で，地域の農地面積と家畜飼養頭数のバランスが崩れ，環境への負荷が高まっている場合もみられる。

　畜産環境汚染としては，悪臭，水質汚濁，地球温暖化，地下水汚濁，塩類集積等の問題があり，その問題解決の方法の一つとして家畜ふん尿流通システムの構築が指摘されている。

　すでに平山・遠藤（1974）は，1970年代の愛知県と茨城県の分析から，家畜ふん尿堆肥の広域的な流通が行われていることを示している（序章第3節参照）。本章では，第3節で北海道の大規模畜産地帯における1990年代の広域化の動向について検討したい。

37

表2-1　ふん尿の処理方法（複数回答）

(単位：件，%)

	個人施設	共同施設	合　計
自分の農地に還元	48 (84.2)	17 (47.2)	65 (69.9)
他の耕種農家に還元	39 (68.4)	16 (44.4)	55 (59.2)
流通市場で処理	15 (26.3)	22 (61.1)	37 (39.8)
浄化処理	2 (3.5)	3 (8.3)	5 (5.4)
合　計	57 (100.0)	36 (100.0)	93 (100.0)

（資料）藤田秀保・志賀一一・菊池守也・辻和彦・貴船和多男『酪農経営における環境汚染対策に関する調査研究（Ⅰ）』（酪農総合研究所，酪総研調査研究報告書No.68，1994年2月）より引用。

表2-2　流通市場の見通し

(単位：件，%)

	個人施設	共同施設	合　計
今以上に消流は可能	25 (43.9)	16 (44.4)	41 (44.1)
現状の消流が限度	12 (21.1)	11 (30.6)	23 (24.7)
将来は消流は困難	9 (15.8)	2 (5.6)	11 (11.8)
その他	5 (8.8)	6 (16.7)	11 (11.8)
無回答	6 (10.4)	1 (2.7)	7 (7.5)
合　計	57 (100.0)	36 (100.0)	93 (100.0)

（資料）表2-1と同じ。

　表2-1には，酪農経営における家畜ふん尿の処理方法を1990年代のアンケート調査から示したが[1]，全体として最も多いものは「自分の農地に還元」する方法である（69.9%）。これに対して，「流通市場で処理」を行っている比率は，個人施設では26.3%にすぎないが，共同施設では61.1%となっており，特に共同施設での家畜ふん尿の販売が進んでいることがわかる。

　また，**表2-2**には流通市場でふん尿を販売することについての見通しを示したが，「今以上に消流は可能である」と回答した比率は個人施設・共同施設のいずれも最も高く，全体のおよそ4割を占めている。

　ところで，家畜ふん尿を市場流通にのせる意義であるが，日本の畜産経営は飼料を生産財市場から購入し，生産物（肉，生乳）を畜産物市場で販売している。しかし，畜産経営において必然的に発生するふん尿のみが，現在で

第2章 「家畜排せつ物法」施行以前における家畜ふん尿リサイクルの特質

も大部分が市場流通の枠外にある。しかし，家畜ふん尿を商品として販売することができるならば，畜産経営をめぐる投入から産出までの多くの要素が市場流通システムの中に包摂されることを意味している。そして，日本の畜産経営における「ふん尿問題」が，市場流通システムの中で一定の解決がはかられる可能性を有している。

また，家畜飼養頭数規模が拡大する中では，家畜ふん尿を自己が保有する農地のみで土壌還元するには限界があり，自己の経営外の農地への土壌還元が必要となる。そのためには家畜ふん尿の畑作・野菜経営等への供給が必要となるが，その一つの方式として市場流通システムは有効であると考えられる。特に，需要側である野菜農家等と酪農経営のそれぞれが地域的に分化して立地している中では，これらの需給を結び付けるために市場流通システムは有効であると考えられる。

以下では，最初に家畜ふん尿堆肥の生産・販売の共同化の実態と意義について検討した後，その流通の広域化と担い手の存在形態について検討していきたい。

第2節　1990年代前半における家畜ふん尿堆肥の生産・販売対応における共同化
―愛知県・G生産組合の事例―

1．家畜ふん尿堆肥生産の共同化の意義

1990年代の前半においても，農家や農協の共同施設を基盤とした，家畜ふん尿堆肥の生産・販売の共同対応が部分的に形成されている。このような共同化は，個別経営による販売対応の限界を克服する可能性を有している。

前掲**表2-1**でも，家畜ふん尿の流通市場での処理は共同施設で割合が高くなっていた。さらに，**表2-3**に示したように，86年以降に設置された処理施設の59％が共同施設となっており，それ以前の24％から大きく増加を示している。

第1部　バイオマスのリサイクル経路

表2-3　個人・共同別設置の状況（～1985／1986～）

（単位：件，％）

	個人施設	共同施設	合　計
～1985	31（75.6）	10（24.4）	41（100.0）
1986～	18（40.9）	26（59.1）	44（100.0）
不　明	8（100.0）	－（　－）	8（100.0）
合　計	57（61.3）	36（38.7）	93（100.0）

（資料）表2-1と同じ。

　家畜ふん尿堆肥の生産において共同化が進展した要因としては，政策的に共同施設投資への補助が重点的になされてきたという他に，乾燥ハウスや発酵施設の設置のための投資が個別経営で可能な限界を越えており，個別経営ではその投資が困難である点があげられる。

　このような堆肥生産の共同化は販売の共同化を可能とする。堆肥生産の共同化による販売対応でのメリットとしては以下の点があげられる。

①堆肥の品質の統一

　市場対応を行うに際しては，一定の品質の商品を大量に供給することが必要となるが，家畜ふん尿堆肥生産の共同化によって，生産される堆肥の品質の統一をはかることができる。

②需給における零細・分散性の克服

　家畜ふん尿堆肥生産の共同化によって堆肥供給を一ヶ所に大量化できるため，供給の零細性と分散性を克服することができる。さらに供給を一本化することで，需要側は農協に購入先を一本化することが可能となるため，需要の零細・分散性も克服することができる。また，ゴルフ場や商社からの大量の需要に対しても一定の対応が可能となる。

③輸送コストの削減と流通の広域化

　家畜ふん尿堆肥の輸送においては，販売の共同化によって堆肥の輸送量を大量化できるため，個別経営で輸送を行う場合と比べてそのコストを低く抑えることが可能になる。このことは，より広域的な流通の条件を形成する。

第2章 「家畜排せつ物法」施行以前における家畜ふん尿リサイクルの特質

2．G生産組合における家畜ふん尿堆肥の生産・販売対応

　つぎに，1994年に愛知県のG生産組合で行った聞き取り調査結果から，家畜ふん尿堆肥における生産・販売の共同化の実態についてみていきたい。G生産組合は，メインセンター1カ所とサブセンター11件を保有する家畜ふん尿堆肥の生産・販売組織である[2]。施設での作業に従事するのは1名で，1993年（1月1日～12月31日）の年間収入は会員利用料2,760万円，製品販売高1,526万円，その他の合計4,509万円である[3]。施設は87年から稼働しており，総事業費は3億225万円，このうち自己負担が1億3,601万円となっている[4]。

　施設では，農家の牛舎から発生した水分78.2％の生ふんを，サブセンターで水分65％に乾燥させたのち，メインセンターで3～6カ月の発酵を行い，水分51.5％の「完熟」堆肥を生産する。袋詰用の「完熟」堆肥は水分をさらに30％にまで低下させる[5]。

　農家からは一定程度乾燥された家畜ふん尿も持ち込まれる。これらは水分含有率でAランク（60％以下），Bランク（60～70％），Cランク（70％以上）に分けられており，ランクによって農家が支払う利用料金が異なっている。

　利用料であるが，まず，1口2,950円の固定料金を利用量とは無関係に農家は支払っている。これは，全体で600口を参加する23戸で分担している。利用量に応じた利用料金は，2 t車（1台4.9m³基準）を基準に算定し，Aランク1台当たり1,600円，Bランク1,900円，Cランク3,000円となっている。運営はこれらの利用料金と堆肥の販売収入で行っている[6]。

　販売面をみると，「完熟」堆肥はハウス野菜・果樹・花き経営で利用されている。「完熟」堆肥の販売の主体はバラ販売であるが，一部では袋詰堆肥も販売している。「完熟」のバラ堆肥は，調査時点で農家の圃場まで運ぶ場合には2 t車1台で1万4,000円，4 t車1台で2万円，農家が取りにくる場合には2 t車1台当たり4,300円となっている。袋詰め堆肥は，粉末状態にしたものを1袋40ℓ（14kg詰）430円で販売を行っている。

また，Aランクの乾燥堆肥はそのままで露地野菜農家への販売も行われており，農家の圃場まで運ぶ場合には2t車1台で7,000円，4t車1台で1万1,000円，農家が取りにくる場合には2t車1台当たり2,000円の価格となっている。

これらの価格水準の決定に際しては，施設ができる以前から存在する堆肥の個人販売の価格を参考にしている。

堆肥の販売ルートであるが，バラの「完熟」堆肥は地元の経済連を通じて農家へ販売する。また，Aランクの乾燥堆肥は主に市町村農協を通して農家へ販売を行っている。販売代金は農協を介して回収しており，取引先の農家は数百戸に及ぶ。

堆肥の販売地域は近隣の2市が多く，N農協管内で全体の取引の60％が行われている。肥料会社との取引は1〜2件ほどあるが，大量のロットがなければ取引に対応できないため，対応が難しいのが現状である。

3．家畜ふん尿の販売共同化の意義

ここで取り上げた事例から家畜ふん尿販売の意義としては，以下の点があげられる。

家畜ふん尿の販売においては，G生産組合にみられるように，個別的な処理・販売対応から集団的な対応への変化が見られた。このような共同化は政策的な補助を基本とし，農家による投資の軽減と，堆肥の品質の統一，販売ロットの確保，需給の零細・分散性の克服，輸送コストの削減を可能としている。

しかし，G生産組合の堆肥部門の収支はマイナスであり，堆肥の販売収入のほかに農家からの利用料の徴収が必要となっている。このことから，近年における家畜ふん尿の販売共同化は，処理ルートにおける共同化の進展と，処理コストの農家負担の軽減という意義を有していると考えられる。

第2章 「家畜排せつ物法」施行以前における家畜ふん尿リサイクルの特質

第3節 1990年代後半における家畜ふん尿流通における広域化とその担い手
――北海道・網走地域を対象として――

1．対象地域の概要

　本節では，北海道の網走地域（ここでいう「地域」とは，旧「支庁」の範囲をさしている）を対象として，1990年代後半における家畜ふん尿流通の広域化の実態を1998年に網走市の農家に対して行ったアンケート調査結果から概観し，その担い手の形成要因を1997年に調査を行った同地域のY農場の事例からみていきたい。

　網走地域は北海道の東部に位置し，対象とした網走市が立地する地域は一戸当たりの経営面積が大きく，畑作三品（馬鈴薯，甜菜，麦）を中心とした畑作経営が主体である。これに対して，事例のY牧場が立地する地域は土地利用型の酪農が展開している地域であり，酪農に特化した農業構造を有している[7]。

2．1990年代後半の畑作地帯における堆肥の調達行動
　　――北海道・網走市の農家アンケート結果より――

　まず，畑作経営が主体である網走市で1998年に実施した農家アンケート調査結果から，畑作地帯での堆肥の調達行動についてみていきたい[8]。

　対象とした網走市は四つの地区に区分できるが，その地区別に堆肥の投入状況を**表2-4**に示した。全体では82.9％の農家が堆肥を散布しており，堆肥の利用割合は極めて高いと考えられる。地区別では市地区を除くと投入「している」農家が高い割合を占めており，網走市では農地での堆肥利用が一般的に行われていることがいえる。

　つぎに堆肥の調達方法についてみると（**表2-5**），全体では「購入」が34.9％，「麦カンと交換」が26.9％で高くなっており，「自給」は11.4％と低

第1部　バイオマスのリサイクル経路

表2-4　堆肥散布の有無（網走市，1998年）

（単位：％）

	市地区	南部地区	西部地区	東部地区	総計
回答数（戸）	37	135	132	79	387
している	56.8	89.6	81.1	87.3	82.9
大分前からしていない	10.8	5.2	7.6	5.1	6.7
ここ数年していない	27.0	2.2	7.6	6.3	7.2
未記入	5.4	3.0	3.8	1.3	3.1
総　　計	100.0	100.0	100.0	100.0	100.0

（資料）網走市農家アンケート調査結果（1998年）。不明（3），未記入（1）を除く。

表2-5　堆肥の調達方法（網走市，1998年）

（単位：％）

	市地区	南部地区	西部地区	東部地区	総計
回答数（戸）	37	135	132	79	387
利用していない	16.2	3.7	8.3	8.9	7.8
購入	18.9	66.7	11.4	29.1	34.9
麦カンと交換	21.6	5.9	50.0	26.6	26.9
購入・交換の両方	8.1	13.3	9.1	29.1	14.5
自給	18.9	7.4	15.9	6.3	11.4
無償で入手	－	0.7	0.8	－	0.5
不明	5.4	0.7	0.8	－	1.0
未記入	10.8	1.5	3.8	－	3.1
総　　計	100.0	100.0	100.0	100.0	100.0

（資料）網走市農家アンケート調査結果（1998年）。不明（3），未記入（1）を除く。

くなっている。多くの畑作経営が何らかの形で経営外から堆肥を調達していることがわかる。

　地区別では特に南部地区と西部地区との間で，大きな違いが見られる。すなわち，南部地区では66.7％の農家が「購入」を行っており，「麦カンとの交換」は5.9％にすぎないのに対して，西部地区では「麦カンと交換」が50.0％と多く，「購入」割合は11.4％と低くなっている。このことから，南部地区はより堆肥の商品化が進んだ段階にあるといえる。

　これを事例的に見ると，西部地区のある生産者組織では，同一地区内の酪農経営との間で麦カンと家畜ふん尿堆肥の交換を行っている。年間7～8,000ｔの堆肥調達量であり，これを生産者組織内の16戸の農家で分配し，1戸当

第2章 「家畜排せつ物法」施行以前における家畜ふん尿リサイクルの特質

表2-6 堆肥の調達範囲（網走市，1998年）

(単位：%)

	市地区	南部地区	西部地区	東部地区	総計
回答数（戸）	37	135	132	79	387
利用していない	18.9	4.4	9.8	10.1	9.0
自給	13.5	5.9	10.6	5.1	8.3
同一集落内	2.7	3.0	31.8	17.7	16.0
網走市内	24.3	2.2	35.6	48.1	25.1
近隣市町村	13.5	11.1	3.0	11.4	8.5
網走支庁管内	2.7	3.0	－	3.8	2.1
網走支庁を越える範囲	8.1	67.4	0.8	1.3	24.8
不明	2.7	0.7	－	－	0.5
未記入	13.5	2.2	8.3	2.5	5.7
総　計	100.0	100.0	100.0	100.0	100.0

（資料）網走市農家アンケート調査結果（1998年）。不明（3），未記入（1）を除く。

たり400 t 程度の利用となっている。

　また，西部地区の別の農家や市地区の農家，東部地区の農家では，澱粉工場からの澱粉滓を利用したり，網走市内に立地する食肉メーカーの直営農場から供給される豚糞や鶏糞を利用する事例がみられた。

　堆肥の調達範囲をみると（**表2-6**），全体では「網走市内」と「網走支庁を越える範囲」がそれぞれ25％，そして「同一集落内」が16％であり，支庁を越える広域的な堆肥の調達行動と，地域内での調達行動（「網走市内」「同一集落内」）の両極が併存していることがわかる。

　地区別では，西部地区と東部地区では「同一集落内」や「網走市内」の割合が高いのに対して，南部地区では67.4％の農家が「網走支庁をこえる範囲」から広域的に堆肥を調達している。堆肥調達の広域化はある特定の地区に集中して発生しているのである。

　以上のように，堆肥の投入農家率が最も高い（**表2-4**）南部地区では，網走地域を越える範囲（**表2-6**）から堆肥を「購入」しており（**表2-5**），高い投入農家率は堆肥の広域的な流通によって維持されている実態が明らかになった。

このような地区別の対応の違いは，それぞれ以下のような要因によるものと考えられる。

まず，西部地区では堆肥の需要面では小規模な畑作農家の割合が高く，野菜の作付面積が少ないために，極端に多くの堆肥需要が存在しない。他方で地区内の堆肥供給に関しては，大規模な畜産経営が一定程度存在することで堆肥供給は確保されており，地域内での堆肥の調達が可能になっていると考えられる。

これに対して，南部地区では堆肥需要の面では大規模な畑作農家の割合が高く，加えて畑作農家の野菜の作付面積も大きく，堆肥を多く必要としている。これに対して堆肥の供給面では，地区内には畜産経営は少ないことから堆肥の需要量に対して地域内での供給が十分ではなかった。さらに，野菜導入が地域的にも後発的なために，野菜導入で増加した堆肥需要をまかなう供給先を近隣で見つけることが困難であった。そのため，より遠距離地域からの調達にならざるを得なかったと考えられる。

南部地区における広域的な家畜ふん尿調達の実態をみると，①牛ふんを網走地域の東藻琴町から購入する事例，②牛ふんを運送業者が網走地域の東藻琴町や釧路地域の弟子屈町から運んでいる事例がみられた。

3．1990年代後半における家畜ふん尿の広域流通の担い手
―網走地域のY牧場の事例―

(1) 立地地域の特質

つぎに，北海道網走地域の有限会社Y牧場を事例として，1990年代後半における家畜ふん尿の広域流通を支える担い手の形成要因について検討する。

Y牧場の立地するD市は網走地域の北部に位置し，酪農経営が多くを占める地域である。また，甜菜等の畑作物を作付している酪畑経営も多いが，その作付面積は小さいため畑作物に必要な堆肥は各自の経営からでる家畜ふん尿で十分まかなえる量となっていた。そのため，1990年代には家畜飼養頭数

第2章 「家畜排せつ物法」施行以前における家畜ふん尿リサイクルの特質

**表2-7 今後ふん尿や洗浄水で対策が必要になると予想される点
（3回答：D市　1996年）** (単位：％)

	計	経産牛頭数規模別		
		30頭未満	30〜50頭	50頭以上
集計戸数　（戸）	170	42	89	39
河川への流出	33.5	35.7	33.7	30.8
地下への浸透	28.8	31.0	24.7	35.9
降雨時の外部への流出	47.6	40.5	52.8	43.6
景観の悪さ	24.7	16.7	29.2	23.1
牛舎・圃場の悪臭	34.1	23.8	33.7	46.2
害虫の発生	22.9	21.4	27.0	15.4
牛舎やパドックの衛生状態の悪化	34.7	28.6	31.5	48.7
対策必要なし	7.6	19.0	4.5	2.6
その他	2.9	4.8	3.4	0.0

（資料）D市農家アンケート調査結果（1996年）。

が増加する中で，各経営においても農地面積に対して家畜ふん尿の過剰化傾向がみられた。また，畑作専業経営が少ないため，地域内での畑作経営と酪農経営との間での家畜ふん尿の交換・利用は困難な状況にあり，ほとんど行われていなかった。

表2-7は，D市の農家に対するアンケート調査結果から，1996年時点での「今後ふん尿や洗浄水で対策が必要になると考えられる点」をアンケート調査結果から整理したものである[9]。ここから，「対策が必要ない」と予想していた農家は7.6％にすぎず，「降雨時の外部への流出」47.6％，「牛舎やパドックの衛生状態の悪化」34.7％，「牛舎・圃場の悪臭」34.1％，「河川への流出」33.5％等，高い割合でふん尿の処理に対策が必要になると予想していたことが分かる。このような地域におけるふん尿の処理問題の発生が予想される中で，有限会社Y牧場は近隣の酪農家から家畜ふん尿を集荷し，他市町村の畑作農家に販売を行っているのである。

（2）Y牧場の経営概要

では，具体的な事例の分析に進みたい。Y牧場は1家族で構成される有限会社であり，搾乳牛100頭，育成牛70頭の合計170頭を飼育している（以下は

いずれも1997年の調査時点の数値および実態である)。経営面積は，自作地65haの他に，借地が65haあり，合計130haとなっている。作付は牧草が主体であるが，甜菜を20ha，デントコーンを15ha作付けしている。労働力は経営主夫婦2人の他に，2人を周年で雇用している。

堆肥の販売を行う他に，甜菜の定植や収穫作業，デントコーンの収穫作業の受託を行っており，牧草乾草の輸送や販売も行っている。

1991年から有限会社となっている。法人化する以前は，搾乳牛70頭，育成牛30頭の合計100頭の規模で，経営主夫婦2人と両親の合計4人の労働力であった。また，堆肥の販売や農作業の受託は行っていなかった。しかし，事情により両親が農業に従事できなくなり，2人の家族労働力が欠けることとなった。それとほぼ同じ時期に法人化し，欠けた2人分の労働力を補う意味もあって，2人の雇用を同時期に行っている。

牛舎は，頭数規模は大きいがスタンチョン方式である。規模拡大と同時にフリーストール方式に変更しなかったのは，雇用が確保できない場合には労力的に負担が大きくなるため，規模の縮小も考慮に入れて投資を控えたためである。

(3) 雇用労働者の属性と就業形態

雇用労働者は2人であり，1人は男性，1人は女性である。男性は40歳代の酪農経営の離農者で，1991年から雇用している。この男性はダンプカーの運転や収穫機の運転が中心で，配送の計画から機械の整備までを行っている。女性は20歳代で，1997年から雇用している。大型免許を取得しており，ダンプカーの運転の他，搾乳作業も行っている。

就業条件についてみると，休日は基本的に週1日である。男性の給与は月25万円，昼食と夕食付きとなっている。女性の給与は手取りで月20万円，厚生年金，社会保険等はかけられている。ボーナスは経営状態が良いときには年間2カ月分を支給している。

男性について年間の作業をみると，春先から甜菜の移植作業，牧草の作業，

第２章 「家畜排せつ物法」施行以前における家畜ふん尿リサイクルの特質

堆肥の運搬を行い，９月からは隣接するI町でのデントコーンの収穫作業を受託している。その後，自作するビートの収穫，堆肥の運搬作業を行う。

堆肥の販売や作業の受託，乾草の運搬作業は，これら雇用労働者の年間の作業を確保するために行われている。特に，堆肥の輸送・販売作業は農作業の行えない冬期間の作業の確保のために必要となっている。

（4）家畜ふん尿の利用と広域流通

家畜ふん尿の利用と販売についてみていきたい。Y牧場では自分の経営からでる家畜ふん尿は自作する20haの甜菜畑に全量投入している。「堆肥が経営内にあり，投入すると品質の良いものがとれるから，ビートを作付けしている」という。

そのため，販売する堆肥の原料となる家畜ふん尿は近隣の酪農経営から集荷したものであり，２年間圃場で堆積した後に販売を行っている。このように，Y牧場は，家畜ふん尿の集荷機能も担っているのである。家畜ふん尿を供給しているのは同市内の８戸の酪農家である。これら酪農家は，デントコーンの作付を行っておらず，牧草のみの作付の人が多いという。なお，供給農家はすべて敷料として麦カンを用いている。

堆肥の販売は1996年から本格的に行っている。販売先は，網走地域の美幌町10戸，訓子府町20戸，置戸町５戸，小清水町２戸の合計37戸の農家であり，戸数が一番多い訓子府町には片道１時間30分の輸送時間がダンプカーで必要となっている。これまでは麦作の畑に投入する堆肥が多かったが，近年では玉葱畑に投入するものが多いという。購入量は，多い農家では11ｔダンプで年間30～40台分で，平均すると１農家当たり年間10台程度である。

堆肥の販売先農家は，大手農機具メーカーの販売店の紹介によるものである。農機具メーカーとしては，「土がダメになると農家の収益もあがらず，ひいては農機具も購入しなくなる」という考えから，堆肥の販売の話をY牧場にもってきたという。ふん尿の供給農家もこの販売店の紹介によるものである。当初，販売店からは，北海道・富良野地域や石狩地域にも販売して欲

しいという話もあったという。

　堆肥の価格は，11tダンプ1台当たり3万5,000円（当時）であるが，Y牧場のトラックで相手農家の畑まで運んでおり，この価格は輸送費をまかなう程度であるという。

　堆肥の注文は秋口に集中する。畑作農家は収穫作業を終えた秋口に畑に堆肥を投入するが，畑を効率的に利用するために，投入時期に堆肥の注文をするためである。秋には飼料の収穫作業の受託もあるため，雇用労働者はその作業で忙しく，庸車も行って作業を行っている。

4．家畜ふん尿の広域流通における担い手形成の要因と課題

　ここでは，家畜ふん尿の広域流通の担い手が形成される要因について，実態分析を踏まえて整理する。

　家畜ふん尿の広域流通が行われる背景には，畑作経営と酪農経営の地域分化を伴った経営の専門化の進展を基本として，畑作経営における安価な有機質肥料の不足と，酪農経営での家畜ふん尿の過剰化傾向が存在している。また，畑作経営における野菜導入とそれによる堆肥需要の増加も背景にある。その中で，過剰化傾向の酪農経営の家畜ふん尿を，堆肥の不足する遠距離の畑作経営へ販売する活動をY牧場は行っている。

　Y牧場が家畜ふん尿の広域的な販売を行う目的としては，冬期間の雇用労働力の活用という面が大きい。すなわち，規模拡大の過程で家族労働力のみでは季節的に労働力不足が発生するため雇用労働力に依存する必要があるが，それによって季節的に雇用労働力が遊休化する。そのため，堆肥の運搬・販売を行っているのである。その背景には，臨時的・季節的な雇用労働力の確保が困難であり，周年雇用でなければ雇用労働力を集めることができないという地域的な雇用労働力の調達条件が存在する。

　このような中で形成される堆肥の価格は運賃部分をまかなう水準にすぎない。そのため，堆肥の販売それ自体を目的としているのではなく，農業部門で利用できない時期の雇用労働力の賃金支払部分の収入を堆肥の販売事業か

第2章 「家畜排せつ物法」施行以前における家畜ふん尿リサイクルの特質

ら得ることができるために行われているといえる。その意味では農閑期の「仕事作り」という側面が強い。

最後に,家畜ふん尿における広域流通の課題としては,以下の3点が挙げられる。

第1に,Y牧場にとっての季節的な労働過重・労働力不足の問題があげられる。堆肥販売の目的は雇用労働力の周年的な活用にあるが,繁忙期には近隣の農家との手間替えを行っており,輸送のピーク時には庸車も行っている。さらにデントコーンの収穫作業の受託も,これまでの100haから170haに増加する予定である。堆肥の1日当たりの輸送距離も長く,輸送労働も長時間に及んでいる。本来,雇用労働力の遊休化を防止するために行ってきた作業が,逆に労働過重や季節的な労働力不足を引き起こしているのである。

第2に,経営にとってのコストの回収問題がある。堆肥の価格は当時で1t3,000円程度であるが,この水準は運賃をまかなう程度であるという。しかし,これがダンプカー等の機械の減価償却費をまかなう水準に達しているかが問題であろう。

第3に,運賃を基準に価格が決められているため,収入を多くするためには,より遠距離へと販売先が広がっていくインセンティブが働くという問題があげられる。このことは,堆肥の受入地域に畜産・酪農経営が一定程度存在し,量的には十分供給が可能な場合でも,利用形態の容易さで遠隔地から堆肥が需要地に持ち込まれ,受入地域内部での物質循環が錯乱される危険性を潜在的に有している。

注
(1)このアンケートは,酪農総合研究所が全国の指定生乳生産者団体と乳業メーカーの協力で,各地域のふん尿処理の優良事例について調査したものである。藤田秀保・志賀一一・菊池守也・辻和彦・貴船和多男『酪農経営における環境汚染対策に関する調査研究(Ⅰ)』(酪農総合研究所,酪総研調査研究報告書 No.68,1994年2月)による。
(2)M農業協同組合「M組合員のグループ活動(平成6年1月)」による。
(3)G生産組合「第9回通常総会資料(平成6年2月)』による。

第1部　バイオマスのリサイクル経路

(4)(5) G生産組合「良質堆きゅう肥供給施設の概要」による。
(6) 以下のG生産組合の販売対応の実態は，組合事務局での聞き取り調査結果による。
(7)(社) 北海道地域農業研究所『新斜網型畑作の萌芽と営農集団』(2000年) を参照。
(8) このアンケート調査は，(社) 北海道地域農業研究所が網走市内の全農家440戸に対して1998年に行ったものである。回答は387戸，回答率は88％であった。詳しくは，(社) 北海道地域農業研究所『新斜網型畑作の萌芽と営農集団』(2000年) を参照。
(9) このアンケートは，(社) 北海道地域農業研究所が1996年にD市の農家に対して行ったものである。

第3章

食品製造副産物におけるリサイクル経路の特質
―青森県のりんごジュース製造副産物を対象として―

第1節　本章の課題

　本章では，第2章の1990年代における家畜ふん尿流通の分析に続いて，近年におけるバイオマスのリサイクル経路の特質について，青森県のりんごジュース製造副産物（以下，りんご粕）を対象として明らかにすることを課題とする。

　青森県のりんご粕は古くから家畜飼料として利用されてきた。輸入原料依存の食品加工メーカーから発生する食品製造副産物と異なり，国産原料りんごから発生しているため，国産自給飼料確保と有機性資源の国内循環を可能にする条件の下にある。しかし，後述するように，その利用においてさまざまな課題が存在する。

　りんご粕の飼料特性を豊川他（2008）からみると，①栄養価の面では十分な効果が期待できるが，②水分含有量が80％と高く，そのため，③その取り扱いに多くの労力がかかる点が利用上の問題とされている。また，TDN（可消化養分総量）では，りんご新鮮粕（原物当）：18.2％，同（乾物当）：84.1％，りんご粕サイレージ（原物当）：14.5％であり（豊川他（2008）），ビール粕：68.2％，大豆粕：86％となっている（阿部他（2002），乾物当）。

　分析の対象は，日本最大のりんご産地であり，かつ国内のりんごジュースの一大供給地帯でもある青森県に立地するりんごジュース加工メーカーである。

　事例とした企業は表3-1にその概要を示した6社である。青森県のりんご

第1部　バイオマスのリサイクル経路

表3-1　事例りんごジュース加工メーカーの概要（青森県）

事業所	りんご粕発生量	用途	最終調査年
A	6,000 t	飼料，堆肥	2010年
B	134 t	飼料・堆肥（産廃）	2013年
C	3,000 t	食品素材，飼料，堆肥	2013年
D	不明	食品素材	2005年
E	1,500 t	飼料，堆肥	2013年
F	242 t	飼料・堆肥	2013年

（資料）各事業所の聞き取り調査結果による。

ジュース加工メーカーの大部分は，日本海側のりんご産地に立地しており，調査対象のメーカーも全てこの範囲に含まれている。調査は2000年以降に継続的に行ってきたが，最終調査年は表に示した通りである。6社は，A，C，Eにみられる大規模なメーカー（この3社が青森県内で生産量上位3社である）とB，D，Fの比較的小規模なメーカーに類型化できる。

第2節　対象地域の概要

まず，ここでは対象地域である青森県農業の概要についてみていきたい。

1．りんご生産の地域的集中

日本の県別のりんご生産の集中度は非常に高く，2011年産においては全国のりんご収穫量約66万 t のうち，56.1％にあたる37万 t が青森県で生産されている。長野県は生産量第2位であるが，そこでの生産量14万 t の2倍をこえる生産量である（青森県『平成24年産りんご流通対策要項』による）。

2011年産のりんご搾汁処理量は 7 万2,370 t で，りんご収穫量の11％を占めている。青森県は全国のりんご搾汁処理量の72.7％を占めている（同上による）。りんご粕はりんご搾汁量とほぼ比例して発生すると考えられるため，全国で発生するりんご粕のほぼ 7 割が青森県で発生していると推定できる。

2．地域農業の畜産地帯と果樹地帯への分化

つぎに，**表3-2**から，対象とした青森県農業の地域性について農業粗生産額の構成比からみておきたい。青森県の農業粗生産額は，かつては米の割合が高かったが，近年では米の生産調整の拡大や米価の低下，野菜生産の増加によって，米やりんごの他，野菜と畜産の比重が高まっている。

青森県のりんご粕は後述するように堆肥や家畜飼料等の農業利用が多くなっており，地域の農業との関連が大きい。その点で果樹，野菜，畜産の各経営が多く存在する青森県農業においてはその利用が比較的容易であるといえる。しかし，果樹地帯と畜産・野菜地帯の地域分化が進行しており，その飼料利用には制約が発生している。

すなわち，**表3-2**に示したように，青森県農業においては農業粗生産額の構成でみると，中南地方の果樹地帯，上北・三戸地方の畜産・野菜地帯，下北地方の畜産地帯に分けられ，果樹地帯は県の日本海側に，畜産・野菜地帯は県の太平洋側に立地している。りんご粕の発生はりんご生産が集中する果樹地帯が主体となっているのに対し，飼料での利用は畜産地帯で多くなっているため，りんご粕の畜産利用には県内利用においても広域的な移動が不可欠になっている。

表3-2　青森県における農業産出額構成比の地域性（2005年）

（単位：％）

	地帯	地方名	米	野菜	果実	畜産
		青森県	21.9	21.1	25.8	25.4
日本海側	米地帯	東青	35.2	14.9	33.5	13.3
		西北	48.1	17.0	25.2	5.0
	果樹地帯	中南	17.6	9.4	66.8	2.6
太平洋側	畜産・野菜地帯	上北	15.3	34.9	0.1	44.6
		三戸	9.1	20.9	13.8	44.8
	畜産地帯	下北	7.8	21.7	0.4	63.1

（資料）青森県「図説　農林水産業の動向」。

第1部　バイオマスのリサイクル経路

3．青森県におけるりんご粕の利用状況

　青森県のりんご粕の主要な用途としては，家畜飼料，堆肥・土壌改良材の2つがあげられる。図3-1に示した2011年の用途別割合では6割が飼料，3割が肥料として利用されており，この2つの用途で90％を占める。第5章で詳細に検討を行うが，この用途別の割合はりんご粕の供給量の変動にともなって毎年大きく変化している。

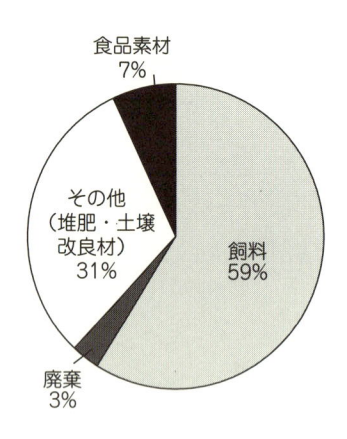

図 3-1　青森県におけるりんご粕の処理・利用状況（2011 年）
（資料）青森県『平成 24 年産りんご流通対策要項』

第3節　りんご粕におけるリサイクル・チャネルの類型と特質

　ここでは，りんご粕のリサイクル・チャネルを事業所調査の結果から類型化し，そのフローおよび特質について検討していきたい。

1．リサイクル・チャネルの類型

　表3-3は，用途と利用先地域の関係から個々の加工メーカーが採用しているりんご粕のリサイクル・チャネルを類型化したものである。

第3章　食品製造副産物におけるリサイクル経路の特質

表3-3　青森県におけるりんご粕のリサイクル・チャネル

用途＼需要先	青森県・日本海側	青森県・太平洋側	青森県外（北海道，栃木県，関東方面）
食品素材			○
家畜飼料		○	○
堆肥化	○	○	
（参考：焼却）	○		

（資料）りんごジュース加工メーカーからの聞き取り調査結果をもとに筆者作成。

　用途でみると，縦軸に示したように①食品素材，②家畜飼料，③堆肥化の3つに区分でき，処理方式として焼却が加えてある。利用先の地域でみると，横軸に示したように，県内では①りんごジュース加工メーカーが多く立地する青森県・日本海側と②畜産経営が多く立地する青森県・太平洋側，そして③青森県外の畜産地帯に分けられる。

　用途と利用先地域の関係をみると，①食品素材での利用は一部のりんごジュースメーカーに限定されるが，ジュースメーカーで一次加工され，県外の大手食品メーカーが主たる需要先となっている。②堆肥化は県内に限定される。2000年代には県・太平洋側で堆肥化される場合が多かったが，輸送コストが多くかかることと日本海側での堆肥化業者の設立により，近年では県・日本海側でリサイクルされる部分が増加し，堆肥化における原料バイオマスの広域移動は抑制される傾向にある。③飼料化は，県・日本海側には畜産経営が少ないため，県内では畜産経営が多く存在する太平洋側で利用され，青森県外では北海道を主体として畜産地帯で利用されている。

2．リサイクル経路のフローモデル

　つぎに，リサイクル経路のフローモデルを**表3-4**に整理した。介在する主体数では極めて単純な構造を示しており，供給側と需要側がほぼ直結（直接流通），あるいは1～2の流通組織体が介在する経路（間接流通）を形成している。

　用途別では，飼料化では畜産農家とジュースメーカーが直結する直接流通

57

第1部　バイオマスのリサイクル経路

表3-4　青森県におけるりんご粕のリサイクル経路

飼料化	（直接流通） ①ジュースメーカー→畜産農家（B, C） （間接流通） ②ジュースメーカー→飼料メーカー（TMRセンター）→畜産農家（A, E, F） ③ジュースメーカー→飼料商社→飼料メーカー→畜産農家（A, C）
堆肥化	ジュースメーカー→堆肥化業者→堆肥ユーザー
食品素材	ジュースメーカー→仲介業者→食品メーカー（C, D, E）

（資料）実態調査結果より筆者作成。
（注）アルファベットの記号は，表3-1のりんごジュース加工メーカーを示す。

は部分的であり，なんらかの流通組織体が介在した間接流通が主流を占めている。

　直接流通（①）では，かつては小規模な畜産農家との間のスポット的（単発的）な取引が主体であり，畜産農家での利用も直接家畜に給与するというプリミティブなものであった。しかし，そのような取引は縮小傾向にあり，間接流通が主体となっている。なお，近年ではユーザーである畜産農家の大型化が進んでおり，その利用方式も高度化する中での新しい形態での直接取引もみられる。

　間接流通ではその利用の性格から飼料メーカーが介在する場合が一般的であるが，さらに飼料商社が介在する場合もみられる。飼料メーカーのみが介在する場合には（②），食品製造副産物を利用したTMR飼料のみを専門に生産している飼料メーカーと，一般の配合飼料も生産している飼料メーカーがある。その場合には，りんごジュースメーカーと飼料メーカーが組織的に協力関係にある場合や，飼料ユーザーが特殊な搾汁方法によって発生するりんご粕を求める場合があり，ジュースメーカーとりんご粕ユーザーの関係は継続的な取引関係が形成されている。

　飼料商社が介在する場合には（③），大都市圏の商社が仲介する場合と産地の飼料商社が仲介に入る場合がみられる。飼料商社が仲介する場合には，複数の産地および食品製造副産物の調達機能を有している場合がみられる。

　なお，飼料メーカーや飼料商社が介在し，一般の飼料の取り扱いも行って

いる場合，一般の飼料市場の影響は極めて大きくなると考えられる。

堆肥化では，堆肥化業者が直接集荷するパターンのみであり，堆肥化業者が収集機能と分荷機能をはたしている。

食品素材に関しては，ジュースメーカーが1次加工した原料を仲介業者が介在してユーザーである食品メーカーに流通するようであり，仲介業者が収集・分荷機能をはたしていると考えられる。

3．リサイクル・チャネル（飼料化）の広域化と不安定性

つぎに，リサイクル・チャネルの特質について飼料化を対象にみていくが，そこではリサイクル・チャネルの広域化と，その不安定性がみられる。

(1) リサイクル・チャネルの広域化

まず第1に，りんご粕の飼料化チャネルの特徴として広域化が進んでいることがあげられる。その経過と実態について**表3-5**に示した。時期によって，飼料利用では年間数千tのりんご粕が北海道や栃木県の畜産地帯に仕向けられている。

最も早い段階から広域的な流通を行っているC社の飼料での利用の場合，1960年代には県・太平洋側の畜産地帯の酪農家に乳牛の餌として生粕で販売

表3-5　事例メーカーにおけるりんご粕の県外出荷の実態

事例企業	仕向地域	仕向け数量（t）	期間
A	①北海道 ②福島県・北海道	1,000 t	×2000年頃～中止 ×2008年～2013年
B	北海道	不明	×2000年代初頭，2年間で中止
C	北海道	1,000 t	○1985年頃～
E	①栃木県 ②北海道（1） ③北海道（2）	600 t 不明 不明	×2000年～2010年 ×2005年～2011年 ×2007年～2013年
F	北海道	200 t	○2006年～

（資料）りんごジュースメーカーおよび飼料メーカーでの聞き取り調査による。
（注）○は2013年時点で取引が継続しているケースで，×は取引が中止になっているケースである。

し，この時期には酪農家が自ら取りに来る直接流通の形をとっていた。しかし，引き取りに来る酪農家が減少したため，1980年代に入ると専門商社を介して本格的に北海道に移出を行うようになる。北海道へは700kgのフレキシブル・コンテナ（以下，フレコン）でサイレージ化したものを提供しており，飼料商社がフレコンとトラックを手配し，工場から搬出・輸送を行っている。

F社の場合，2005年までは県・太平洋側の堆肥化業者に逆有償で処理を委託していたが，2006年から飼料用として北海道の飼料メーカーに販売を行っている。それ以前には乾燥粕も製造していたが現在は行っていない。運賃は飼料メーカーが負担し，600kgのフレコンに入れ，トレーラーが1回に運べる30個が工場にたまると搬出される。年間10回程度の搬出であり，冬場は屋外で保管し，6月から10月は冷蔵庫で保管しているのが特徴である。

以上のように，りんご粕の飼料化においてはリサイクル・チャネルの広域化が進展しているが，このような動きは，C社のように1980年代から本格的に行われている事例もあるが，**表3-5**に示したように多くは2000年代に入ってから行われている。需要サイドである北海道や栃木県における飼料の需給構造の変化については，ビール粕の供給減少による代替資源への移行がその背景にはある（泉谷編（2010）第3章参照）が，供給サイドの要因としては，①大量の需要先が近隣に存在しないこと，②広域化することによってより多くの需要を見つけることができること，③静脈物流の影響の3点があげられる。以下，③の静脈物流の影響について具体的にみていきたい。

りんご粕はトラック輸送であるが，県外に移出されるりんご粕は本来の荷物を輸送したのちの「帰り荷」として位置づけられている。すなわち，動脈物流チャネルの存在を前提とした静脈物流チャネルが形成されているのである。例えば，C社と取引する北海道の飼料専門商社は本州から北海道に戻るトラックに空きがある場合にりんご粕を積んで北海道に輸送している。E社の場合，北海道の飼料メーカーの工場の近くに菓子工場があり，その製品を本州に輸送した後の「帰り荷」としてりんご粕は位置づけられている。F社においても，飼料メーカーが東京方面に飼料を運んだあとの青森県から北海

道への「帰り荷」としてりんご粕が位置づけられている。

　このことは，その製品を単独で運ばなくてはならない近距離輸送ではコスト的に負担が大きな静脈物流が，広域化することで輸送の「帰り荷」需要にのせることが出来，輸送が成立するという逆転現象を生じさせているのである。しかし，このことは第4節で述べるように，工場からのりんご粕の搬出を不安定にする要因となっている。

(2) リサイクル・チャネルの不安定性
　第2の特質として，リサイクル・チャネルの不安定性があげられる。この不安定性とは，個々の事業者が採用しているリサイクル・チャネルが突発的な要因で閉鎖される場合があるということである。
　このようなリサイクル・チャネルの閉鎖は，前掲表3-5に示したように，2000年代の初頭に形成された飼料化チャネルが短期間の内に閉鎖されたケースと，2010年代に入ってから閉鎖されたケースにわけられる。
　まず，2000年代初頭に短期間で閉鎖されたケースではA社とB社があげられる。B社の場合をみると，2000年代の初頭に牛の飼料用として北海道に1t当たり1,000円で販売を行っていたが，輸送コストが多くかかるために2年程度で取引が中止になっている。
　つぎに近年になって閉鎖されたケースではA社とE社があげられる。A社の場合，2008年のりんご粕の大量供給時を契機として需要先を探した結果，2009年から飼料商社を介して関西の飼料メーカーS社への販売を行っており，その数量は当初は2,400tに及んだ。しかし，S社では青森県のりんご粕の利用を2013年の3月で停止しており，その要因としてS社の担当者は，TMR飼料の原料となる穀物価格の上昇により，TMR飼料生産の採算が合わなくなったこと等をあげている（2013年のS社調査による）。ただし，従来からの顧客からの要望が強かったため，2013年6月から少量での生産を再開しているが，りんご粕の利用量は数カ月で数十tにとどまっている。
　E社では，従来までは大部分を堆肥化していたが，処理を依頼していた堆

肥化業者が2004年に倒産している。このように，産業廃棄物の処理事業自体の不安定性があり，堆肥化チャネルも不安定になっている。その後，複数の地域との間で飼料化チャネルを形成していたが2010年に栃木県のチャネルが閉鎖され，2011年には北海道の1つのチャネルが閉鎖，2013年にはもう一つの北海道のチャネルも閉鎖されている。これらはバイオマス原料のコスト的な問題やTMR飼料需要の減少が要因であると考えている。

　以上のように，りんご粕のリサイクル・チャネルは広域化しているが，堆肥化も飼料化も十年単位でみた場合には，その需要が不安定であるといえる。この要因としては，飼料市場における食品製造副産物利用の不安定性があげられる。すなわち，一般飼料の価格との相対関係で食品製造副産物が利用されているために，一般飼料市場の変化がダイレクトにりんご粕の需要に影響していると考えられるのである。この点は，1998年の飼料価格が上昇したときにりんご粕の需要が増加し，2011年頃から需要が減少しているといったように，一般の飼料価格の変動が短期間にりんご粕利用量に影響していることからもうかがえる（第5章参照）。

第4節　りんご粕におけるリサイクル・チャネルの選択要因

　つぎに，りんごジュースメーカーの飼料化，堆肥化，食品素材化，焼却の間でのチャネル選択要因についてみていきたい。

1．相対価格・コスト

　まず第1にあげられるのが用途間の相対価格・コストの違いである。チャネル間の選択は，用途別の需要量（飼料化）と加工能力（食品素材）の範囲内で，ジュースメーカーは相対価格・コストによって行っている。

　多少データが古いが，A社の2001年のケースをみると，A社では飼料化では1t当たり3,000円での販売となっているが，A社では堆肥化での産廃処理料金を1t当たり1万円，産廃での焼却費用を4万円とみており，これより

も低い負担で対応できることから飼料化が選択されている。

　なお，2002年のB社の支払う堆肥化のための処理料は運賃込みで1t当たり8,000円（遠方の太平洋側で処理）と6,000円（近隣の日本海側で処理）であり，2005年のC社の場合も運賃込みで1t当たり7,500円（うち運賃4,000円，太平洋側で処理），同時期のE社では日本海側での処理で運賃込みで4,000～5,000円となっており，運賃込みの太平洋側での堆肥化処理料はA社の判断を裏付けている。また，焼却の場合，2005年のE社の場合には1t当たり3万3,000円であり，ここでもA社の判断を裏付けている。なお，食品素材の場合には（2005年時点），りんごジュースメーカーで一次加工された原料が1t当たり数万円で販売されている。

　以上のように，ジュースメーカーの費用負担という面から見ると，食品素材＜飼料化＜堆肥化＜焼却の順に高くなっており，ジュースメーカーは設備的に可能な場合には食品素材を選択し，それが難しい場合には飼料化を最優先で選択し，焼却を最後の処理方法としている。

　つぎに，このような価格水準の決定要因についてみていきたい。というのは，静脈市場における（マイナスの価格を含む）価格の形成については，動脈市場と異なって複数の用途間での代替性があるために，単一の市場での価格形成と大きく異なると考えられるからである。ここでは，有機性の廃棄物として地域では最も大きな位置を占めると考えられる下水汚泥の自治体での処理料金との比較から検討していきたい。

　表3-6には，2005年時点での青森県内の下水汚泥等の処理料を事業所調査から示した。まず，焼却についてみると，りんご粕の焼却でE社が委託したことがあるL社では，同時期にりんご粕の焼却費用として1t当たり3万3,000円がかかっているが，L社の下水汚泥の焼却費用は1万5,000～2万円の水準となっている。この青森県内の焼却施設は，市町村の一般廃棄物等の焼却処理を行うのが主要な業務であり，りんご粕は臨時的に受け入れているにすぎない。そのため，焼却の場合のマイナスの価格は一般廃棄物等の焼却価格に規定されていると考えられる。

第1部　バイオマスのリサイクル経路

表3-6　青森県における下水汚泥等の処理料金（2005年）

処理方法	調査企業	処理物	1t当たりの処理料金
焼却	○O	下水汚泥	L社2万円（運賃不明）
	○P	下水汚泥	L社1万5,000円（＋運賃1,500円）
堆肥化	○O	下水汚泥	M社6,300円（＋運賃1,785円）
	○O	下水汚泥	N社6,510円（＋運賃2,520円）
	●Q	下水汚泥	6,500円（運賃別）
	●Q	りんご粕	A社5,000円（運賃込み）
	●Q	りんご粕	C社6,900円（運賃込み）

（資料）2005年に実施した各社の聞き取り調査結果による。
（注）○は排出事業者，●が処理業者のデータ。

　つぎに堆肥化についてみると，りんご粕の堆肥化を行っているQ社は，主な業務が市町村から委託された下水汚泥の堆肥化であり，表3-6での下水汚泥の処理料金もりんご粕の処理料金もほぼ同水準である。量的な占有率から見ると下水汚泥の堆肥が多数を占めていることから，下水汚泥の堆肥化がりんご粕の堆肥化価格を規定していると考えられる。

　家畜飼料と食品素材についての検討はデータの制約から行えないが，飼料用では飼料価格と受入れ地域の食品製造副産物価格に影響されると考えられる。

　これらの点から，りんご粕の処理費用は堆肥化と焼却に関しては地域における他の主要な産業廃棄物や一般廃棄物の処理料金によって規定されると考えられ，これらの価格を前提として，ジュースメーカーは，食品素材，飼料化，堆肥化，焼却の順でリサイクル・チャネルおよび処理方法を選択しているのである。

2．物流面

　つぎに価格以外のリサイクル・チャネルの選択要因についてみていきたい。他の要因としてあげられるのは物流上の諸問題であり，主に保管の問題があげられる。

　保管の問題は，A社とC社に共通にみられる点である。りんごの搾汁は，

第3章　食品製造副産物におけるリサイクル経路の特質

　A社では原料りんごの出荷が始まる9月から翌年の6月まで行われるが，りんごの出荷時期に制約されて10月から12月に年間の7割が搾汁されている。そのためこの3カ月に集中して粕が発生する（第5章参照）。

　A社もC社も発生したりんご粕は飼料用の場合には650kg～700kgのフレコンに詰められ，搬出されるまで加工メーカーの敷地内で保管される。りんご粕は水分含有率が80％と高く，フレコンに入れると1週間程度でアルコール発酵が起こり，発酵が進むとさらに含水率が上昇するため，フレコンは二段積みが困難である。そのため，工場の保管スペースがフレコンで一杯になると何らかの形で搬出しなければその後の搾汁ができなくなる。

　A社の場合，通常では1日60tの粕が発生するのに対して，自社の敷地内では約1,400～1,500tの保管が可能である。この保管容量は，年間に発生するりんご粕の量をまかなうには不十分である。一方，飼料ユーザーは週に1回，定期的に搬出を行っているが，15t車での搬出であり，かつ輸送コストを削減するためにりんご粕は配合飼料を運んだ後の「帰り荷」として位置づけられているため，りんご粕それ自体で輸送回数を増やすことは難しい。そのため，発生がピークを迎える10～12月に保管場所が不足するとりんごの搾汁が出来なくなるため，連絡をすると随時搬出を行ってくれる堆肥化業者に処理を依頼せざるを得ないのである。A社においては，堆肥化業者の場合には，粕の排出口から直接バラ積みで搬出できるため，袋詰めのコストも削減できるメリットがある。

　同様にC社も搾汁工場が市街地にあるため，工場の敷地面積は限られている。さらに，飼料用での搬出は，前述したように空きトラックの存在に影響されるため，不規則である。そのため，飼料用での搬出が間に合わなければ敷地内でのフレコンの保管場所がなくなるため，より頻繁に搬出を行ってくれる堆肥化業者に依頼せざるを得ないのである。

　以上のように，リサイクル・チャネルの広域化によって各メーカーの直面する需要が，最終需要ではなく「物流需要」となり，これに制約されて飼料利用と堆肥利用の間での選択が行われることになる。

さらにC社の場合，飼料用りんご粕の袋詰め作業は，700kgのフレコンに季節雇2名によって行われている。りんごの搾汁は常に工場の搾汁能力の上限まで行われるわけではないため，袋詰め能力は搾汁能力に対して十分ではない。そのため搾汁量が増加するとりんご粕の袋詰め作業が間に合わなくなり，過剰部分は袋詰めが不要でダンプに直接積み込むことが出来る堆肥原料として搬出されるのである。

第5節　りんご粕におけるリサイクル・チャネルの国際化
　　　　―輸入りんご粕利用のK・TMR社の事例―

　補足的な事例として，2010年に行った関東地方に立地するK・TMR社の調査結果をもとに，輸入りんご粕利用の実態についてみていきたい。

　K・TMR社は1999年に設置され，2000年にTMRセンターを設置している。TMR飼料は，そのまま給餌する完成品と，追加の加工が必要な食品残さだけのものの2種類を生産している。年間1万t弱の食品残さを集荷し，1万5,000tのウェット飼料を生産している。飼料の供給先は，近隣を含む6県にわたり，全て酪農家が使用している。

　飼料の原料は，稲わらの他，キノコ菌床粕が多く，醤油粕，おから，いも焼酎粕，麦わらも使用している。ビール粕は発泡酒への消費の移行によって手に入りづらくなっているという。また，原料の調達に関しては，近隣に工場が立地し，容易に入手可能なものを利用するのが基本であると考えている。そのため，後述のようにりんご粕が必要であっても，りんごジュース工場が近隣に存在しないために輸入原料を使用していると考えられる。

　K・TMR社では，国内産のりんご粕は使用していないが，中国製の乾燥した製品であるりんご粕ペレットを2009年から使用している。りんご粕は整腸剤としての位置づけであり，1カ月におよそ70t，年間1,000tの利用である。中国からのりんご粕ペレットの調達は商社まかせにせず，自社の社員が現地に赴いて品質をチェックしている。コンテナでのバラ輸送であり，以

前は木くずが混じっていたという問題もあったが，現在は大きな問題はないという。日本国内の運賃が高いため，水分が少なく，単位重量当たりの栄養分が多いペレットのメリットは大きいという。

　以上のように，国内においても安全性に配慮しつつ，中国からのりんご粕の調達が進められているのである。

第6節　おわりに

　以上で，青森県のりんご粕を対象として，リサイクル・チャネルの実態と特質について検討してきた。最後に，リサイクル・チャネルの特質について整理しておきたい。

　まず，りんご粕のリサイクル・チャネルの第1の特質は，その広域化である。

　広域化には静脈物流が関連していた。すなわち，りんご粕が物流上では「帰り荷」としての位置づけがなされているが，このことはそれ単独で運ばざるを得ない近距離輸送ではコスト的に成立しない食品製造副産物の輸送が，広域流通だからこそ成立するという逆転現象を発生させるのである。このことは，物流（輸送）コストと輸送体制の現状の仕組み自体が，地域内循環を困難にし，広域流通を発生させていることを意味している。このような「帰り荷」輸送利用によるリサイクル・チャネルの広域化は，他のバイオマスにおいてもみられる現象である。

　このような広域化は，りんご粕の需要先を広域的に発見することを可能とするため，その需給の連結を容易にするという効果をもたらす。しかし，このような資源移動の広域化は，輸送コストや輸送に必要なエネルギーの利用を増加させていると考えられる。そのため，地域内での地産地消型リサイクル・チャネルの形成条件について検討する必要がある。

　また，地域的な利活用システムを構築する場合には，広域的な利活用システムを前提として地域システムを検討する必要があり，広域的なシステムと

の調整が必要となる。そこでは，調整の主体，調整の手法，調整パラメータの析出が課題となる。

　第2に，リサイクル・チャネルの特質として明らかになった点は，これらのリサイクル・チャネルは極めて不安定な存在であるという点である。このチャネルの不安定性の原因は，第1に供給量の変動が大きいという点に，第2に一般の飼料市場との関係に求められる。すなわち，第1の点に関しては，後述するようにりんご粕の供給量の変動が大きいため，過剰時や不足時にさまざまな対応がとられることによって，新しいリサイクル・チャネルが形成されたり，既存のチャネルが閉鎖されたりしているのである。供給量の変動は，安定的な数量を必要とする需要者側には大きな負担となり，需要者側ではいかにコアの部分を確保し，変動部分を回避するかという変動リスクの回避行動に結びつくことになる。

　また，第2の点に関しては，りんご粕は一般の飼料価格が高騰した場合や不足した場合に代替的に需要が発生する限界的な資源である。そのため，一般飼料市場における価格の高低がりんご粕のようなバイオマス資源への需要に影響を与え，一般飼料との価格関係のいかんによって，りんご粕のリサイクル・チャネルが閉鎖されるのである。

　そのため，バイオマスの利用を促進するためには，各リサイクル・チャネルを安定化させる取り組みが不可欠であるといえる。

第4章

東アジアにおける食品製造副産物の
リサイクル・システム
―中国・台湾・韓国の果実ジュース製造副産物を対象として―

第1節　本章の課題

　前章では，青森県のりんごジュース製造副産物のリサイクルについて検討を行ったが，本章では食品製造副産物リサイクルの国際的な比較を行うことを目的として，東アジアの果実ジュース加工と製造副産物のリサイクル・システムについて，中国，台湾，韓国の実態調査結果の分析を行いたい。具体的には，2009年から2011年にかけて行った果実ジュース加工メーカーの調査結果を用いる。調査事例は各国ともに1社づつであり，調査結果を一般化するまでには至っていない。しかし，事例にした企業はそれぞれの国において上位の生産量を占めており，各国の果実ジュース製造副産物の発生と利用状況を代表していると考えられる。

第2節　中国におけるりんごジュース加工と
製造副産物のリサイクル

1．中国におけるりんごジュース加工と製造副産物

　中国は世界最大のりんご生産国であり，2010年には世界のりんご生産量6,957万tのうちの半分近い3,327万tを生産し，第2位のアメリカの421万tを大きく引き離している。この生産量を背景に，りんごの「天然果汁」（濃縮果汁とストレート果汁の合計）の輸出でも世界で最も多く，2009年には80

第1部　バイオマスのリサイクル経路

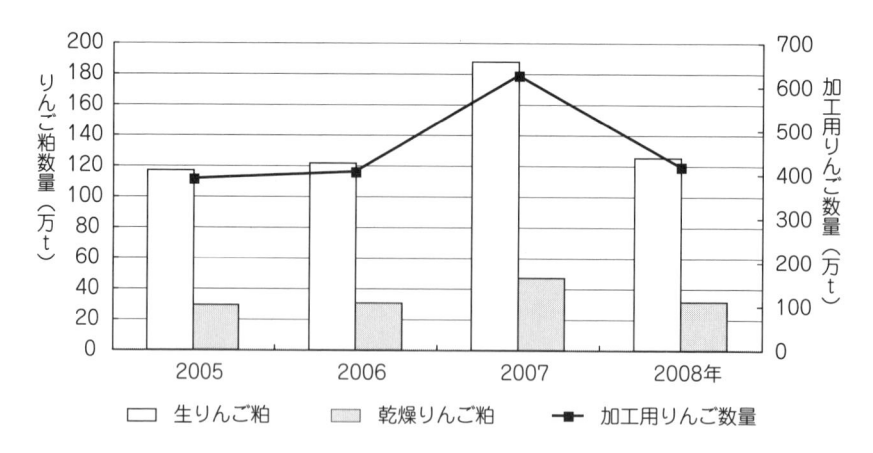

図4-1　中国における生りんご粕と乾燥りんご粕の発生量

(資料)『2009年度国内外りんご粕の市場予測および分析報告』LEADERSHIP社，2009年。

万 t を輸出し，第2位のドイツ（31万 t ）の2倍以上におよぶ。これに対して日本では，外国産のりんご果汁の輸入量は2010年には6万3,861kℓであり，このうちの4万2,932kℓを中国が占めている（以上，青森県『平成23年産りんご流通対策要項』による）。このような中で，中国では大量のりんごジュース製造副産物（以下，りんご粕）が発生している。

　より具体的な状況をLEADERSHIP社『2009年度国内外りんご粕の市場予測および分析報告』（中文）2009年からみると，中国には主たる果汁会社が5社あり，この上位5社で国内果汁市場の7割を供給している。2007～08年度の濃縮果汁生産量は104万 t であり，国内では果汁の需要が少ないため，ヨーロッパ，アメリカ，オーストラリア，日本に輸出されている。

　2008年の生りんご粕の発生量は，加工量の30％と仮定して約120万 t と推計している。図4-1をみると，生りんご粕の発生量は加工用りんご数量の変動にあわせて100万 t から200万 t の間で変動している。このうち乾燥される粕が91％と大部分を占め，ペクチン製造原料が8％，堆肥と燃料になるのが1～2％である。

　りんご粕の乾燥加工会社は，把握できるのが50社で，小規模会社も含めれ

第4章　東アジアにおける食品製造副産物のリサイクル・システム

ば100社と推定されており，ペクチンの製造会社は5社である。

乾燥りんご粕は年間30万t程度の産出量になっている。乾燥りんご粕の飼料での利用割合は4割程度であり，15〜20万tの乾燥りんご粕が廃棄されているという。

以上のように，中国のりんご粕は9割が乾燥処理されており，それによって輸送・保管が容易になるため乾燥粕は飼料としての利用が進んでいるが，他方で，その半分が廃棄されるのが現状である。

2．中国におけるりんご粕の利活用システムの実態

つぎに，2009年12月に中国最大のりんご産地である陝西省の西安市に本社があるりんごジュース加工メーカー A社で行った聞き取り調査結果から，りんご粕の利活用システムの実態についてみていきたい。

(1) 陝西省・A社の事例

調査を行ったA社は，りんごとナシのジュース加工メーカーである。まず，本社事務所での聞き取り調査結果からみていこう。

A社の搾汁工場は陝西省，甘粛省，山西省および寧夏回族自治区の4省・区に8工場あり，1工場で季節雇用が100人程度行われている。

A社がりんご粕のリサイクルを始めた背景には，政府による規制の強まりがある。具体的には，中国では環境保全の面から，法律でりんご粕をそのまま処分するのは禁止されており，政府は全てのジュース工場に搾り粕を乾燥するよう呼びかけている（ただし，乾燥機導入に対する国の補助等はない）。この規制は2004年頃から厳しくなり，A社では同年から搾り粕の乾燥機を導入している。A社では，それ以前にはそのまま放棄していたため，りんご粕が腐敗して水分が地下に浸透し，悪臭が発生していた。このような環境汚染の発生と政府の指導が，1．でみたりんご粕の乾燥割合の高さに結びついている。

A社では，原料りんごを陝西省と山西省から調達している。西安市では年

第1部　バイオマスのリサイクル経路

によって雹の被害があり，その際には加工用りんごが大量に発生している。また，8月から翌年の2月までりんごを搾汁し，同じ時期に搾り粕を乾燥しているため（この時期以外は工場は休業している），りんご粕の発生には季節性が存在する。なお，農薬の散布状況が把握出来ない産地の原料りんごは使用していないため，りんご粕の安全性は，原料の面からは担保されている。

　生産されたジュースは殺菌後に全てドラム缶に入れられて冷凍保存され，その90％以上は輸出されており，輸出先はヨーロッパのみである。原料りんごの購入価格や仕入れ方法，ジュースの輸出先は社内の全工場共通で行われている。

　りんご粕は，①乾燥した状態で販売するものと，②粉状に加工し，20kgの袋に詰めて利用するものがある。また，ナシの搾り粕は圧縮しやすいため，ペレット化し，乳牛の餌になっている（ナシの粕の嗜好性はりんごよりも高いという）。現在はりんご粕の全てが飼料として出荷されているが，将来はペクチン原料として利用したいと考えている。

　りんご粕は乾燥して利用されるが，乾燥工場は石炭を燃料としており，粕の最大発生量を基準に作られているため，乾燥能力は粕の発生量に対して十分であるという。りんご粕は熱風で乾燥しているため，エネルギーが多く必要であるという問題がある。100kgの加工用りんごから25kgの搾り粕が発生し，生粕5kgから乾燥りんご粕が1kg生産される。

　りんごの乾燥費用は乾燥粕1t当たり900元（日本円で1万3,000円）で，販売価格は年によって200元程度の変動があるが，最近では1t当たり800元（1万2,000円）程度である。乾燥を行わなければ罰金を支払わなくてはならないために，利益を度外視しても必要な作業であるという。

　乾燥粕は中国全土に販売しているが，主に中国の南部に9割が乳牛の餌として出荷され，一部は淡水魚の餌として利用されている。多くの酪農経営と直接取引を行っており，大量に購入したユーザーには割引販売も行っている。

　ただし，前述のように中国全体の乾燥りんご粕の利用率は4割程度であるため，A社の場合も出荷された乾燥りんご粕が現実に全て飼料として利用さ

第4章　東アジアにおける食品製造副産物のリサイクル・システム

れているかどうかは不明である。

　乾燥りんご粕の輸出については現在は行っていないが，日本でまとまった数量の購入を希望するのであれば，りんご粕の販売は可能であるとのべていた。

(2) 陝西省・A社加工工場の実態

　つぎに，陝西省にあるA社の加工工場での聞き取り調査結果をみていきたい。

　この加工工場は1997年に設置されており，1日800tの原料りんごを搾汁する能力がある。中国国内には1日2,000t規模の搾汁能力をもつ工場もあり，この工場は規模が小さいといえる。

　調査を行った2009年には6万tの原料りんごを加工しているが，平年では8〜12万tの幅でりんごの搾汁量は変動している。2009年にはヨーロッパ市場との関係でジュース価格が安かったため，あまり搾らなかったという。このように，りんごの搾汁数量の年次変動があるため，りんご粕の供給量も年によって変動していることになる。

　3台のトラックで生粕をジュース工場から乾燥工場に運び，石炭の燃焼による熱風で乾燥を行っている。1日に発生した粕はその日のうちに乾燥するのが基本だが，発生量には日別の変動もあるため，実際には2〜3日分をまとめて乾燥し，燃料となる石炭が無駄にならないように効率化をはかっている。

　この工場での乾燥粕の販売先は農家がほとんどで，農家が買いに来る場合と，輸送料を別にもらって配達する場合があり，その場合の運賃は1t当たり0.4〜0.5元（6〜8円）である。工場まで自家用トラックや三輪車で直接りんご粕を買いに来る農家もいる。

　また，りんご粕の販売地域は中国国内全域に広がっているが，この工場が立地する陝西省内は酪農経営が少ないために需要も少なく，省外の酪農地帯での需要が多くなっている。遠くは新疆ウイグル自治区の農家まで販売して

おり，浙江省，広東省へも販売している。これらはいずれも中国の酪農生産地帯である。

第3節　台湾における果実ジュース製造副産物の利用

つぎに，台湾のB社の事例についてみていきたい。調査は2010年1月に行ったものである。

B社は台湾で最大の野菜，果実ジュースの加工メーカーである。1968年に設立され，1987年には15人の従業員数だったが，2010年には270人にまで拡大し，搾汁工場のほか，新製品の開発を行う研究所，化粧用のパックに用いられるシートの生産も行っている。

台湾国内では果実ジュースの90％のシェアを持っている。製品は大手メーカーのOEMが主力であり，日本，アメリカ等の世界各国の食品メーカーに原料ジュースの供給を行っている。

インド，中国，ベトナム，フィリピン等から原料果汁の輸入を行っている。1993年にはベトナムに東南アジアにおける主力工場を設立し，ヤシ，バナナ，パパイヤ等を原料としたトロピカルジュースの生産を開始している。また，コーヒー事業も行っている。1996年には中国の山東省に中国における主力工場を設立しており，そこでは柑橘類（オレンジ）の搾汁を中心に行っている。さらに2003年にはオレンジ果汁の工場を中国の四川省に設置している。粕の利用は，各国の工場が独自に行っている。例えば，ブラジル工場ではオレンジの皮を利用してペクチンの生産を行っている他，中国の工場ではおそらく豚や牛の餌になっているだろうとしている。

台湾工場には搾汁ラインが5本あり，台湾産の果実等（ライチ，スイカ，スターフルーツ，ニンジン，オレンジ，マンゴー等）の搾汁を行っている。台湾工場からは平均すると原料の50％の粕が発生しており，年間発生量は3万t程度である。スイカやニンジンなどの搾り粕のように食べることが可能なものは家畜の飼料として利用されており，これが6割程度を占めている。

第4章　東アジアにおける食品製造副産物のリサイクル・システム

また，食べることが出来ないライチの殻，マンゴーの種，梅の種等が4割程度を占めているが，これらは肥料にリサイクルされている。

粕は11～3月の冬期間に一番多く発生し，年間の半分が発生している。6～9月がつぎに発生量が多く，ほかの季節は少ないという。

家畜飼料での利用は，台湾工場の近隣に立地する3～4戸の酪農経営が直接利用しており，酪農家が工場に粕を取りに来ている。トラックに4～5tを積み，1台分を1,000元で販売している。1kg当たり0.4元の換算であるが，これが4元にまでなると経営的には助かるという。工場から出た粕は，ベルトコンベアで20t程度入る貯蔵タンクに詰められ，タンクの下部からその下に配置されたトラックの荷台に積まれる。搾汁ラインごとにタンクは分かれていないため，タンクには複数の種類の粕が混じる場合もある。トラックは毎日，数回の頻度で粕を取りに来ている。

肥料の利用は逆有償であり，車で1時間程度の距離にある雲林県の会社で利用されている。

会社としては果実ジュースを作るのが仕事なので，粕は処理してくれるところがあれば任せたいと考えており，どのように利用されているかはあまり関心がないとのことである。

第4節　韓国における果実ジュース加工と製造副産物の利用

最後に，韓国の果実ジュース加工メーカーC社の実態についてみていきたい。調査は2011年3月に行った。

C社によると，韓国には果実ジュース搾汁工場が最盛期には35社あったが，現在は4社にまで減少している。このうちの2社は年間搾汁量が100t以下の小規模な工場であり，大規模に搾汁を行っているのはC社ともう一社のみである。韓国では，果実ジュース原料として3万tの果実が使用されている。

C社は1990年代に工場を設置している。社員は18名で，この他に臨時雇60名を年間1万人日雇用している。臨時雇の大半は50～60歳代の女性であると

いう。近年は臨時雇の賃金が上昇しており，労働力の確保に苦慮している。

ジュースの原料は，工場の近隣で生産されるりんご，なし，タマネギ，にんじんであり，りんごが6～7割を占めている。搾汁ラインは1ラインであり，一つのラインで複数の原料から搾汁を行っているが，季節ごとに原料の種類が変わるため，粕は果実種類ごとに独立して発生し，混じることはないという。

原料りんごは，4割を農家から直接購入し（農家が搬入），6割は仲買人を通して集荷している。ただし，農協を通さなければ原産地表示ができないため，必ず農協をとおして購入しているという。原料は「ふじ」が70％である。りんごの価格が上昇すると，ジュース用の原料が入ってこなくなるという問題があることを指摘している。

年間9,000～1万tの原料りんごを搾汁し，原料ジュースを国内のジュースメーカーや酒造メーカー等100社に販売している。搾汁はほぼ1年を通して行っており，工場の年間稼働日数は220日となっている。1995年から濃縮果汁の輸入が始まり，原料ジュースの価格が低下しているという。

りんご粕は搾汁期間中はコンスタントに1日25t発生し，年間2,000t程度の発生量になる。当初は畜産農家が直接取りに来て飼料として利用していたが，現在は飼料会社が利用している。飼料会社にはりんご粕を無償で譲渡しており，運賃は飼料会社の負担である。なお，この輸送を行っているのは廃棄物の中間処理業者であるが，この業者が別途廃棄物の処理料を支払うように要求するようになり，困っているという。

りんご粕は，40tのタンクに保管する。りんご粕は生の状態で出荷するが，添加剤を加えて，どろどろの状態にして25tトラックにそのまま積み込んでいる。りんご粕は，24時間搾汁するときには1日に1回取りに来るが，必要なときには別途連絡をすると取りに来るようにもなっている。

搾り粕の他に，搾汁したときのフィルターに粕が貯まったものが年間700t発生する。これは1t当たり4万5,000ウオンの処理料金で廃棄物の処理業者に処理を依頼している。

第4章　東アジアにおける食品製造副産物のリサイクル・システム

搾り粕については，一時期は外国の企業がジュースと混ぜる取組を行ったことがある。また，別の工場では，外国から乾燥する機械を導入したことがあったが，うまくいかなかったという。なお，ペクチンの製造も検討中である。

第5節　おわりに

以上，中国と台湾，そして韓国の果実ジュース粕の発生と利用に関する調査結果をみてきた。この結果と第3章の日本での利用実態を加えて整理すると，以下の4点が指摘できる。

第1に，果実ジュース粕は中国のように乾燥して利用される場合と，日本・台湾・韓国のように生状態で利用される場合に分けられる。さらに，日本のようにフレコンパック内で発酵したものを利用する場合と，台湾や韓国のようにトラックの荷台でそのままで輸送されて利用される国にわけられる。これは各国の環境規制の違いによるものであると考えられる。

第2に，いずれの国も飼料利用が主体であり，有効活用がなされているといえる。また，肥料利用も行われている。飼料利用の場合には資源として販売または無償提供されているのに対して，肥料の場合には廃棄物として逆有償で処分されている。

第3に，飼料利用の場合には，日本や中国のように広域的に利用されている場合と，台湾や韓国のように近隣で利用されている場合に分けられる。前者では乾燥（中国）やアルコール発酵（日本）によって比較的長期保存が可能となっているために広域流通が可能となっている。後者では，生の状態で保存期間が短いことが地域利用の要因と考えられ，保存方法の違いも利用範囲の違いを生み出す要因としてあげられる。

第4に，事業主体の対応からみると，中国や日本のように果実ジュース粕を積極的に利用している場合と，台湾や韓国のように処理を優先している場合とに分けられる。

第 1 部　バイオマスのリサイクル経路

　以上のように，食品製造副産物のリサイクル利用に関しては，共通して飼料での活用が進んでいるが，環境規制の違い等の要因によって，東アジアの範囲でみても国によってその利用システムが異なっているといえる。

第 2 部

バイオマスの需給調整プロセス

第5章

食品製造副産物の供給変動と需給調整プロセス
―青森県のりんごジュース製造副産物を対象として―

第1節　本章の課題

　本章の課題は，第3章のりんごジュース製造副産物におけるリサイクル経路の広域化・不安定性を踏まえた上で，りんご粕の供給変動と需給調整プロセスの仕組みを青森県のりんご粕を事例に明らかにすることである。

　バイオマスの供給量は不安定であり，その不安定性は供給量の年次変動と季節的な変動に分けられる。

　まず第1に供給量の年次変動について特にそれが大きいと考えられる果実ジュース製造副産物についてみていきたい。加工原料用果実の供給量は**表5-1**に示すように年次変動が極めて大きくなっている。搾汁量が多いりんごとみかんをみると，りんごではこの期間で最も少ない2011年が7万tなのに対して，最も多い2008年は14万tと2倍弱の変動が存在する。みかんでは最も少ない2010年がおおよそ4万tなのに対して，最も多い2009年は10万t弱であり，2倍強の変動がみられる。このような加工原料数量の年次変動のも

表5-1　全国主要果実の搾汁数量（原料処理量）

（単位：t）

	2008年	2009年	2010年	2011年	2012年
りんご	143,131	91,747	94,796	72,370	116,612
ぶどう	3,751	4,128	4,377	3,393	3,871
みかん	72,446	97,394	39,536	76,169	43,236
なつみかん	5,924	3,932	2,227	2,013	2,230

（資料）青森県『平成25年産りんご流通対策要項』。

とで，搾汁量に比例して発生すると考えられる果実ジュース製造副産物の供給量も年次変動が大きいと考えられるのである。

　加工原料用果実の供給量が年によって変動する要因としては，第1に果実の生産量が気候条件によって年によって変動するだけにとどまらず，第2に加工原料用果実の供給量が生食用果実市場における需給調整の結果として決まる場合が多いためである。序章でのべたように，静脈市場においては価格による需給調整を期待することは難しいため，果実ジュース製造副産物のリサイクルを進めるためには，需給調整をいかに行うかという点を考慮に入れる必要がある。

　第2に，バイオマスの供給量には季節変動も存在する。家畜ふん尿のように供給量が1年間をとおして一定の品目もあるが，原料供給の季節性に規定されてバイオマスの発生量に季節変動が生じる。

　特に，バイオマスは腐敗性が高いにもかかわらず，その価格水準が低いことや投入できるコストが多くないため，農畜産物のように冷蔵・冷凍等による保管が困難なことからも供給変動への対策は重要である。

第2節　りんご粕における供給変動

1．りんご粕における供給の年次変動と調整

　図5-1には，青森県におけるりんご粕の発生量と利用内訳を示した。1989年以降の発生量は，1万t水準から3万5,000t水準へと変動が大きく，その差は3倍に及んでいるが，平年の場合には1万5,000t程度で推移している。

　このような発生量の年次変動は，りんごの豊凶変動の数量調整を加工原料市場において行った結果発生した場合と，台風や雹害等の被害によるりんごの品質の低下を加工原料市場で対応した場合にわけられる。例えば2008年産の場合，霜害，雹害でりんご加工量が増加したためにりんご粕の供給量が増加している。

　このような供給量の変動の中で1994年から2007年までの飼料利用量は

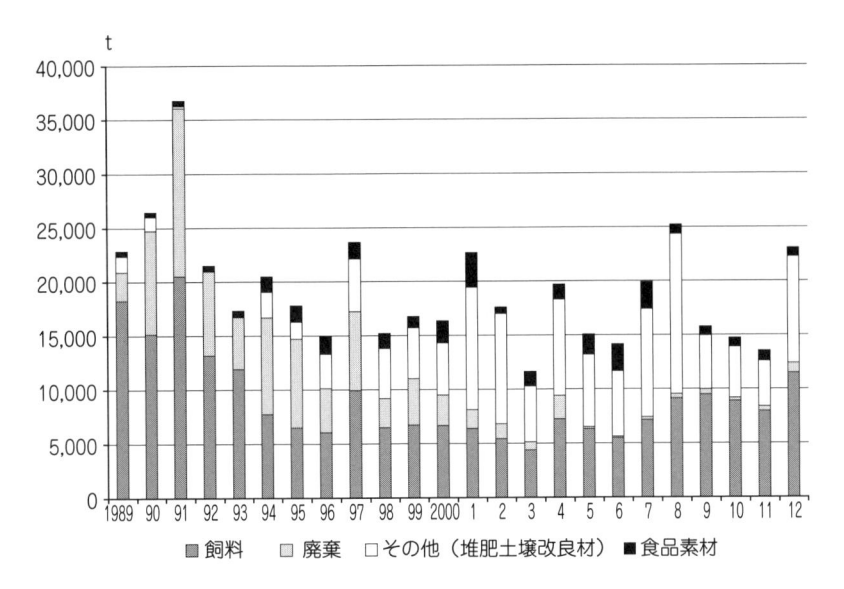

第 5 章　食品製造副産物の供給変動と需給調整プロセス

図 5-1　青森県におけるりんご粕の発生量と利用量の推移

（資料）青森県『りんご流通対策要項』各年次。
（注 1）このデータは，県内の主要なりんごジュース加工場を対象としたものであり，県りんご果樹課では，県内の 9 割程度を把握していると見ている。なお，2004 年以降は，ミニ加工場の数を含んでいる。また，数量には腐敗果を含む。
（注 2）1999 年までの「廃棄」には，産業廃棄物の処理業者に渡ったものが含まれており，この中には堆肥等で再生利用されているものがかなり含まれていると考えられる。

6,000 t 程度で安定している。そして，1994年，97年，2001年，04年，07年，08年のようにりんご粕の供給量が増加した年には，堆肥化（図5-1では「その他（堆肥土壌改良材）」と「廃棄」（1999年まではこの中には堆肥化されているものもかなり存在すると考えられる））を中心とした対応がなされている。すなわち，このようなりんご粕供給量の年次変動の需給調整は，第1に，飼料投入量での調整という需要側での微調整と，第2に堆肥化という供給サイドでの調整によって行われており，前者は一般飼料市場にさらに調整弁を求めていることとなる。

83

第2部　バイオマスの需給調整プロセス

2．りんご粕における供給の季節変動

つぎに，りんご粕供給量の季節変動についてみておきたい。青森県のりんごの搾汁は，りんごの収穫が始まる秋口から開始される。

表5-2には，青森県における加工原料りんごの月別集荷量を示した。まず，青森県における加工原料りんごの大部分（9割）が果汁用である。季節別の集中度をみると，原料りんごの集荷量は9～12月の4カ月間に7割が集中している。その後，農協の選果場等から1～3月に2割程度，4～8月に1割程度が集荷される。

この加工原料りんごの月別の搾汁状況をみると，A社では11～12月におよそ半分が加工され（2001年産），E社では9から12月に8割が加工される（2004年産）。D社では9～12月に7割が加工され（2004年産），B社では搾汁ピークの11～1月に7～8割が加工される（2012年産）。

図5-2にはD社の月別加工量割合を示したが，加工量の10～12月への集中は極めて大きく，この結果，月別のりんご粕発生量の変動と時期的な集中は極めて大きくなっている。

表5-2　青森県におけるりんご加工の月別原料集荷実績

（単位：t）

月／年産	2009年産	2010年産	2011年産
9～12月	64.9%	70.9%	75.9%
9月	5,054	6,267	6,894
10月	12,331	14,597	14,399
11月	16,215	19,708	16,595
12月	6,316	9,461	5,768
1～3月計	21.6%	15.0%	17.0%
4～8月計	13.4%	14.1%	7.1%
合計	61,496	70,571	57,502
うち果汁用	91.0%	90.0%	89.6%

（資料）青森県『平成24年産りんご流通対策要項』。

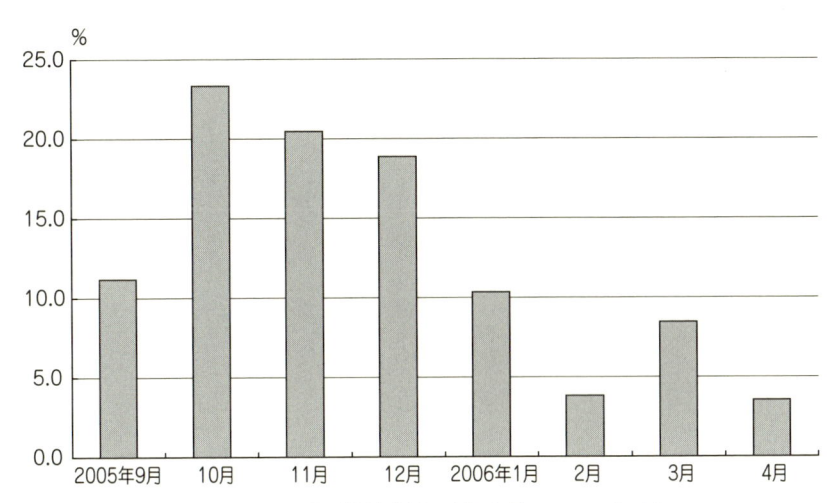

第5章　食品製造副産物の供給変動と需給調整プロセス

図5-2　D社における月別の搾汁割合（青森県　2005年産）
（資料）D社資料。

第3節　りんご粕における需給調整プロセスの実態

つぎに，りんごジュース加工メーカー等への調査結果から，りんご粕供給の年次変動および季節変動への各主体の対応についてみていきたい。

1．りんごジュース加工メーカーの対応

まず，りんご粕の供給サイドであるりんごジュース加工メーカーによる調整は，第2節でみたような堆肥化チャネルでの調整があげられ，その背景には第2章でみた堆肥化と飼料化の用途間の選択メカニズムが存在する。

この他に，供給サイドでの調整について，E社とF社の対応をみておきたい。

（1）地域間調整を行うE社の事例

E社は，従来までの堆肥化に加えて飼料化も進めてきており，2001〜2002年ころから栃木県を拠点とした肉牛経営にりんご粕を販売している。その後，

85

第2部　バイオマスの需給調整プロセス

堆肥化を行っていた業者が倒産するが，その直前には堆肥化割合を7割まで減らし，飼料化を3割に増加させていた。飼料用では，半乾燥状態で販売しており，運賃は肉牛経営が負担している。

　E社では，2004年10月から新たなリサイクル・チャネルとして，北海道・道東地区へのルートを構築している。これは北海道の地場飼料メーカーとの取引であり，E社は運賃と包装費用の半分を負担している。このチャネルでは，りんご粕は飼料メーカーが搬出し，保管も飼料メーカーが行っている。さらに，2007年には北海道の別の飼料メーカーにも供給を行っている。E社としては，栃木県ルートの方が経費的な負担が少ないため，北海道ルートよりもこちらを優先させたいと考えているが，E社の供給量が栃木県ルートでの需要量を超過しているため，北海道ルートも不可欠となっている。

　このように，E社の場合には，飼料化のチャネル内部で地域配分を行いながら，需給調整を行っている。

(2) 原料りんごの調達を計画化することで供給変動を抑制するF社の事例

　これに対して，F社は原料りんごの調達と加工を計画化することによって，りんご粕の発生量を安定化させている。F社は，年間のりんご粕の発生量は200tと相対的に少なく，県内では小規模な加工メーカーである。

　F社での原料りんごの集荷は，他の大手加工メーカーのように市場取引ではなく，町内農家との契約取引で計画的に行っている。すなわち，集落ごとに農家組織があり，原料の8割をこれらの農家組織（1組織10～50人）から購入している。これら農家組織からの調達で不足する場合には，農協から規格外品を購入している。毎年，農家組織とは取引価格と数量についての契約を行っている。原料りんごの搬入に際しては，納入計画を策定しているため，日別の変動も少ない。また，年間の購入量も決まっており，契約以上の原料購入は行っていない。そのため，**図5-3**に示したように基本的にはりんご粕供給量の年次変動は発生しないことになる。

　りんご粕は，2006年から北海道の飼料メーカーと取引を行っており，書面

第5章　食品製造副産物の供給変動と需給調整プロセス

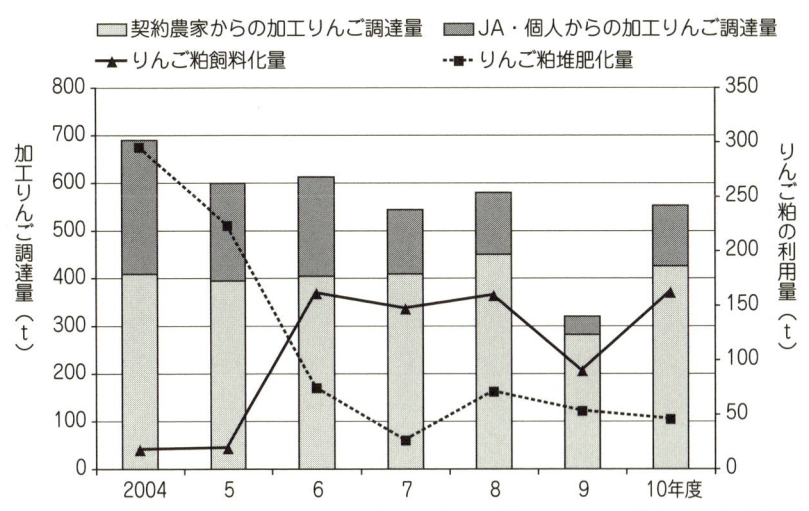

図5-3　F社の加工原料用りんごの調達先別数量とりんご粕の用途別数量
（資料）F社資料。

で数量と単価の契約を行っている。りんご粕は，600kgのフレコンで30個が工場の敷地に置かれるとトレーラーで搬出する契約になっている。

このようにF社は，原料りんごの購入数量を計画化することで，りんご粕発生の年次変動をおさえている。それがF社に可能になるのは，県内の原料りんごの総供給量の一部のみを利用する小規模メーカーだからであると考えられる。ただし，原料りんごの総供給量は不安定であるため，F社と取引している農家や農協においては，F社が引き受けない原料りんごは県内の他の大規模加工メーカーに出荷されていると考えられる。そのため，原料りんごの供給変動を大規模加工メーカーが引き受けているためにF社のような対応が地域では可能になるといえる。

2．需要サイドの対応

つぎに，りんご粕の需要サイドでの供給変動への対応を，飼料メーカーと堆肥化業者についてみていきたい。

第2部　バイオマスの需給調整プロセス

(1) 飼料メーカー①―青森県・R農協TMRセンターの事例―

　まず，A社と取引のある青森県・太平洋側の酪農協同組合であるR農協のTMRセンターの対応をおもに2004年の実績でみていきたい（2005年と2006年に実施した聞き取り調査結果による）。

　まず，A社は，県内での原料りんごの集荷シェアが20％と最も高いメーカーである。りんご粕の利用は，飼料化を主体としながら，供給過剰時には堆肥化で対応を行っている。飼料用の仕向先は，県内のルートをとっている。県内のルートでは，2001年産の実績では，3,000～4,000ｔのりんご粕がR農協のTMRセンターで利用されている。

　R農協TMRセンターでは，表5-3に示したように，食品製造副産物を中心とした原料調達を行っており，りんご粕，ビール粕，豆腐粕，醤油粕，ビートパルプ，きのこ菌床等を利用している。

　R農協によるりんご粕の供給変動に対する対応を，年次変動と季節変動のそれぞれについてみていきたい。

　まず，年次変動に対する対応を，りんご粕の供給量が大きく減少した2003年産についてみておきたい。2003年産では，台風による落果で加工用りんご仕向け量が減少し，りんご粕の供給量が大幅に減少している。この時期はビール粕の供給量も減少しており，原料の調達が非常に困難になった年である。

　R農協では，このようなりんご粕調達量の減少に際して，第1に，ビートパルプの購入量を増加させ，第2に，きのこ菌床粕（素材は，ふすま）を富山県や新潟県のメーカーから購入することで対応を行っている。こ

表5-3　R農協TMRセンターにおける調達原料の内訳（重量ベース）（2004年）

原材料名	内訳
配合飼料	30％
リンゴジュース粕	15
ビートパルプ	5
ビール粕	10
小麦ストロー	9
豆腐粕	7
醤油粕	7
きのこ菌床粕	7
水分	10

（資料）R農協における聞き取り調査結果による（2005年実施）。
（注）年間生産量9,000tの内訳。

のように，年次変動に対しては，一般飼料市場や他の食品製造副産物の市場をバッファーとして需給調整を実施している。

つぎに，供給量の季節変動の調整は，保管形態で行われる。まず，A社から発生するりんご粕はA社の敷地内でもストックされるが，A社工場の敷地面積は限られている。そのため，A社で発生した粕は，順次R農協のTMRセンターに搬出され，そこでストックされる。

これをR農協に可能にしているのは，酪農地帯にR農協のTMRセンターが立地しているという立地条件そのものにある。TMRセンターでは，センターから1km程度離れた場所に牛の保育牧場があり，りんご粕のフレコンを縦積みせずに500本程度が保管可能となっている。そして，8月まではストックされたものを使い，9月から新しい原料が供給されるようになると，残った分と新しいものを混合して利用することになる。

以上のように，りんご粕を常時用いている飼料メーカーの年次変動への対応は不足時に行われており，他の飼料原料市場に求められる。また，季節変動の調整は，保管で行われる。前者の場合には，一般飼料市場の存在と，他の食品製造副産物の存在が前提となり，後者の場合には保管のためのスペースの存在が前提となっている。

(2) 飼料メーカー②—愛知県・S社の事例—

つぎに，2009年4月からA社とスポット的な取引を行ったS社の対応についてみていきたい（2010年に実施した聞き取り調査結果による）。S社は戦前に雑穀販売からスタートした飼料メーカーであり，戦後，飼料の取り扱いを始めている。

TMR飼料の生産は2005年から始めており，当初は長野県で生産を始めたが，2008年から宮崎県，福島県，北海道，長野県，鳥取県の5カ所で生産を行っている。

各工場では輸入乾草や配合飼料を基本としながらも，近隣から低価格で入手できる食品製造副産物を原料として全体の30％程度利用している。TMR

飼料の供給は自社農場の他，肉牛経営の牧場チェーンの各牧場にのみ行っている。食品製造副産物として利用しているのは，りんご粕，清涼飲料の液糖，豆腐粕等である。

青森県のりんご粕は北海道（月産3,000ｔ）と福島県（同2,000ｔ）の工場で原料として利用されている。両工場とも2008年からの稼働であることから，稼働に伴って必要となった原料としてＡ社のりんご粕が利用されたことになる。なお，長野県の工場では長野県産のりんご粕を使用している。

2009年度には2008年産の青森県のりんご粕を利用したが，2010年度には2009年産のりんご粕の供給が減少したために不足状態である。その対応としてＳ社は飼料の配合設計を変更している。具体的には，豆腐粕の使用を増やし，清涼飲料の液糖を増やすことで，りんご粕の代替としている。しかし，りんご粕が入手出来るならば，再度使用したいとしている。

以上のように，Ｓ社の場合も不足時に他の食品製造副産物を調達することによって対応を行っているのである。

(3) 堆肥化業者─青森県・Ｔ社の事例─

最後に，堆肥化業者の対応について，Ａ社のりんご粕の堆肥化を行っているＴ社を事例にみていきたい（2010年に実施した聞き取り調査結果による）。Ｔ社は，青森県の日本海側に立地し，2008年初頭から堆肥化事業を開始している。産業廃棄物や一般廃棄物の処理が業務の主体で，関連会社にＴ'社（代表取締役は同一）がある。Ｔ社では感染性産業廃棄物の焼却，廃プラの焼却，ガラスくず・がれきの破砕等も行っている。堆肥化事業もこれらの事業の中の一部門として行われている。

Ｔ社の堆肥化事業では，りんご粕を中心としながら，水分調整剤としてもみ殻を，その他の資材としてりんご腐敗果，大豆粕，脱水ケーキ（食品残さの処理），メロンジュース粕，ニンジンジュース粕と複数の品目を受け入れている。また，りんご粕も県内の主要なりんごジュースメーカーから受け入れを行っている。

堆肥生産には常時2名，運搬作業を含めると7～8名が従事している。りんご粕の運搬は，大型ダンプでのバラ積みを基本とし，10tダンプを4台，4t車を3台使用している。T社では，その他の業務も含めるとトラック30台，重機を25台保有しており，廃棄物の運搬には十分な輸送装備をもっている。

　2008年の創業から2年間で8,000～9,000tの原料を堆肥化している。これまでに生産した堆肥は全量，試験的にT社関係者の所有する畑地に散布し，作物の栽培試験を行っている。まだ本格的な販売は行っていないが，県から堆肥販売の許可を受けており，試験結果がうまくいけば袋詰めにしてホームセンターで販売を行う方向で販売業者と打ち合わせ中であるという。

　ところで，りんご粕のリサイクルにおいて，堆肥化は飼料化の需給調整弁になっていることは先にみたが，そのため，加工りんごの供給量の変動に飼料利用量の変動という二重の変動が加わることで，堆肥原料として入ってくる量にも大きな変動がみられる。A社の場合，りんご粕の堆肥化仕向量は2007年度で900t，2008年度4,129t，2009年度1,342tと大きく変動している。また，T社のりんご粕の受入全体量も2009年度には2008年度の半分に減少している。このことは，堆肥化事業の収入が不安定になるという経営上の問題を引き起こす。

　このような状況の中で，まだ販売を本格的に行っていないT社の対応として言えることは，①りんご粕以外の有機物も受け入れ，さらにりんご粕も県内の主要なメーカー5～6社から受け入れており，その調達経路の多様化の中で，原料の受け入れ数量の変動を一定程度吸収していること。②その他の廃棄物処理業の収入が経営における柱になっていること。③堆肥の場合には長期的なストックが可能であり，T社にはその保管スペースが多く存在すること，などによって経営の安定化をはかっていると考えられる。

第2部　バイオマスの需給調整プロセス

補節　小売段階の生ごみリサイクルにおける需給調整プロセス
—青森県・Uショッピングセンターの事例—

　補節として，季節変動の調整弁の存在形態を，青森県内に立地するUショッピングセンターの生ごみリサイクルの事例からみていきたい（調査は2003年4月に行った）。事例は，郊外型の大規模ショッピングセンターであり，センター内には，大型スーパー・マーケットの他，ホームセンター，娯楽施設（ボーリング場，映画館）があり，多数の専門店（衣服店，食品店，飲食店等）が含まれている。

　ここでの生ごみリサイクルは，店内の生鮮食料品店，飲食店から発生する生ごみを原料として行われており，大型スーパーは別途，廃棄物処理業者に処理を委託している。

　生ごみリサイクルは，1996年4月から行っており，東北の大手ショッピングセンターでは最初に生ごみ処理機を導入している。

　生ごみリサイクルへの参加店舗は，生鮮食料品店4社（青果，水産物，花き等），レストラン・コーヒーショップ16社の合計20社である。各店舗は毎日，ポリバケツに生ごみを入れ，指定の廃棄物置き場に搬入する。現状では，店舗から発生する量の5分の2程度が処理されている。

　生ごみコンポスト機のスペックでは最大1日200kgの処理が可能であるが，実際の最大投入量は140〜150kgであり，少ないときでは100〜110kgとなっている。生ごみは，種類が偏らないように投入しており，年間を通じて同程度の搬入量である。土曜日や日曜日には生ごみは平日よりも多く発生するが，投入は1日当たり140〜150kgしか行っていない。

　コンポスト機は，微生物発酵処理方式であり，投入して2日間でコンポスト原料となる。生ごみは，コンポスト機内で10分の1に減少する。コンポスト機器の管理は，ショッピングセンター内の電気機器の管理・メインテナンスを行う会社が行っている。堆肥化のコストは，電気代のみで月4万円，コンポスト機は1,700万円程度の価格である。

第5章　食品製造副産物の供給変動と需給調整プロセス

表5-4　Uショッピングセンターの生ごみ堆肥化実績

	1996年4月～2003年3月実績	1日平均	02年3月～03年2月実績
①稼動日数	2,460日	—	358日
②投入量	316 t	128.4kg	45.5 t
③取出量	50.8 t	20.6kg	6.9 t
④配布者数	5,339人	2.2人	961人

（資料）Uショッピングセンター資料による。

　製品は5kg袋に詰め，主として一般市民に無償で配布を行っている。市民の中でも立地する町内の非農家の女性で構成される「U町農業を楽しむ女性の会」が大口の需要者で，1回に1箱20～25kg入りのものをおよそ10箱程度，年間3～4回利用している。この会は，20人程度の女性で構成され，ショッピングセンター内の食品館前で日曜日に開催される「市」で生産した農産物の販売も行っている。

　コンポストの需要は，市民がコンポストを利用する4～6月が最も多く，この時期は市民がほとんどを持ち帰るという。しかし，冬期間は市民がほとんど持ち帰らないため，冬期間に過剰となったコンポストは，ショッピングセンター内の樹木に投入している。

　当初は，センターから発生する生ごみは，全量コンポスト化する予定であったが，コストと投入のための人手が必要なため，今後も現状維持で行う計画である。

　このように，Uショッピングセンターの生ごみリサイクルは，年間7 t程度のコンポストの生産量であり，総量としては「供給不足状態」を前提としている。それは機械の処理能力に制約されたものと考えられ，店舗からの発生量の5分の2程度のコンポスト化処理であるという点にあらわれている。

　しかし，市民の堆肥利用がほとんどない冬期間には製品の若干の過剰化が発生している。これらに関しては，ショッピングセンター内に存在する緑地，樹木にコンポストを投入している。このことは，数量的には多くはないが，Uショッピングセンターでの堆肥利用の季節的な需給調整は，センター内に

93

存在する緑地という非農業的な部門を用いて行われているといえる。

第4節　おわりに

　以上のように，りんご粕には供給変動が存在するため，需給の調整を図るために各主体によるさまざまな対応が行われていた。その対応を供給サイドであるりんごジュース加工メーカーと需要サイドである飼料メーカーや堆肥化業者についてみてきたが，過剰時には供給サイドで対応が行われ，不足時には需要サイドでの対応が行われていた。

　それらの対応をモデル化すると，図5-4のようになるだろう。そこでは，需給調整は3つのタイプで行われていると考えられる。すなわち，第1に「リサイクル・チャネル内対応」，第2に「リサイクル・チャネル間対応」，第3に「リサイクル・チャネル外対応」である。

　第1の「リサイクル・チャネル内対応」では，同一用途の中で，保管機能を果たす条件を持った主体が行う場合や，地域配置における調整が行われる。

　第2の「リサイクル・チャネル間対応」では，飼料化チャネル，堆肥化チャネルのような複数のチャネルが存在することを前提に，主として飼料化チャネルと堆肥化チャネルの関係としてあらわれていた。そして，堆肥化チャネルがバッファーとして機能することを前提として，飼料化チャネルが成立していた。飼料化チャネルでの安定的な量の確保は，他のチャネルの存在を前提としていた。

　第3の「リサイクル・チャネル外対応」では，不足時の対応として，一般飼料市場や他の代替的な食品製造副産物の市場が関係し，そして廃棄が最終的な調整弁として位置づけられていた。

　このような中で，各事業主体（りんごジュース加工メーカー，飼料メーカー，堆肥化業者等）においては，需要側と供給側の2社の間だけで需給調整の対応が行われているのではなく，それぞれがネットワーク状の調整過程を形成していた。例えば，りんごジュース加工メーカーは，飼料メーカーや堆肥化

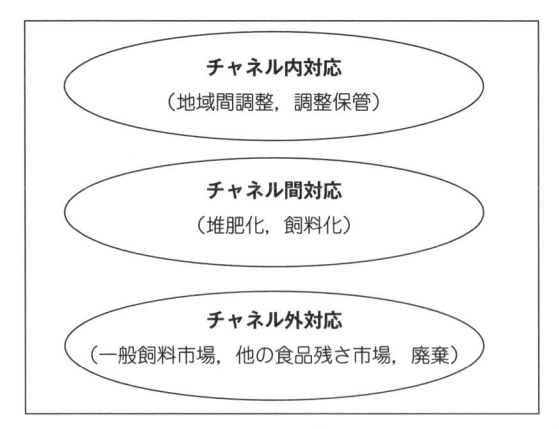

第5章　食品製造副産物の供給変動と需給調整プロセス

```
┌─────────────────────────────────┐
│        チャネル内対応            │
│     （地域間調整，調整保管）     │
│                                  │
│        チャネル間対応            │
│       （堆肥化，飼料化）         │
│                                  │
│        チャネル外対応            │
│ （一般飼料市場，他の食品残さ市場，廃棄）│
└─────────────────────────────────┘
```

図 5-4　バイオマス需給調整プロセスの3つのタイプ

業者と取引を行っているが，その場合に1社との取引を行うのではなく，複数の事業者との取引の中で調整の取り組みを行っていた。また，飼料メーカーも複数のりんご加工メーカーからりんご粕を調達し，さらにりんごジュース加工メーカー以外の加工食品メーカーとの取引も行う中で需給調整を行っていた。このように各社がもつネットワーク状の取引関係の中で需給調整がそれぞれ行われており，原料供給の変動を，あるときには細分化しながら負担し，あるときには他に転化する構造をもっていると考えられる。

このような需給調整の取り組みが行われているが，まず第1に，ここで形成されている需給調整の取り組みは，序章でも述べたように特定の経済主体が全体最適を模索しながら調整を行っているのではなく，関係するさまざまな経済主体がその時々の需給関係をもとに調整を行うプロセスの集合体として成り立っている。そのことが次章でみるような問題を発生させており，地域における需給調整主体の形成が求められるのである。

第2に，飼料化と堆肥化はセットになっており，飼料利用が主体の場合でも需給調整のためには堆肥化が不可欠である。飼料化チャネルのみしか確保していない場合には，飼料化チャネルに機能不全が起きた場合には，不適切処理や不適切な放置の問題に直結することになる。そのため，循環資源の利

第2部　バイオマスの需給調整プロセス

用においては，単一の用途チャネルのみではなく，複数のチャネルをいかに確保しておくかが重要になっているといえる。

　第3に，この需給調整プロセスは動脈市場における需給調整とは異なり，一定の「契約」的な取引では解決できない性格を持つ非常に困難な需給調整であるということがあげられる。すなわち動脈市場における製品の需給調整においては，供給主体からみた場合，供給数量契約を前提とした場合にも不足時には他の製品を他の生産者から購入・確保して供給を行うことが可能である。また，過剰時にはそもそも廃棄という手段を有しているのが動脈市場における供給主体の利点である。しかし，静脈市場における供給変動は，このような動脈市場の需給調整の結果としても存在しており，その供給原料が主産物の製品を作った結果として発生するため，不足時に排出物と同じ他の製品を確保することが極めて困難だからである。

　第4に，このような変動の存在を政策的に見た場合，工業製品のリサイクル推進政策のように，目標値としての「リサイクル率」が，バイオマスの場合には経済主体に大きな負荷をかける危険性がある。それは，発生量に年次変動があるために，リサイクル率を事前に確定すること，さらには供給側がリサイクル率をコントロールできる余地が少ないためである。

　このように，バイオマスの利用には需給調整プロセスの存在が不可欠である。そのため，堆肥化コストを含む調整コストが発生する。これらの社会的に必要なコストは，現時点では大部分を排出者が負担していると考えられる。しかし，これらの調整費用を排出者にのみ負担させるのは，地域における需給調整の必要性からみて問題がある。そのため，これまでのように廃棄物の処理やリサイクルのために直接必要な費用の負担問題のみならず，これらの需給調整のための費用を利用に関わる各主体がどのように負担するかの検討が必要になるだろう。

第6章

木質ペレット燃料流通の広域化と地域における需給の不整合問題
―東北地方の木質ペレット燃料を対象として―

第1節　本章の課題

　本章の課題は，地域におけるバイオマス需給の不整合問題について，その実態と要因について検討を行うことである。

　これまで第2章から第4章でみてきたように，バイオマスは地産地消が望ましいとされているが，現実にはそのリサイクル・チャネルの広域化が進展している。前章までは県境を越えたリサイクル経路の形成の実態をみてきたが，本章の第4節や第3章第5節でみたように，その国際化も進展しているのが現状である。リサイクル・チャネルの広域化は，輸送コストや輸送に必要なエネルギーの増加，地域における有機物収支の不整合の問題，地域システムの構築における調整問題を引き起こす。

　さらにこの広域化には，上記のような問題に加えて，「地域におけるバイオマス需給の不整合問題」を発生させる可能性がある。ここでいう「地域におけるバイオマス需給の不整合問題」とは，バイオマスが地域内で廃棄あるいは地域外に流出しているにも関わらず，地域外からバイオマスが流入している状態である。

　本章では，地域のバイオマス需給における不整合問題の実態と要因を検討したい。具体的には，後発地域を対象として木質バイオマス燃料（ペレット）の需給構造から検討を行う。

　木質バイオマス燃料は，森林資源が豊富な日本においては，エネルギー利

97

第2部　バイオマスの需給調整プロセス

用の側面と地域経済の活性化の側面からその効果が大いに期待されている。木質バイオマス燃料には，古くから利用されている薪の形態から，木質チップや加工度が高い木質ペレットの形態が存在する。本章で対象とする木質ペレット燃料に関して，近年では熊崎（2011）がその全体概要と世界市場の現状について紹介している他，伊藤（2012）では地域再生と木質ペレットを含む木質バイオマスエネルギーの可能性について検討を行っている。また，近藤他編（2013）第3章では，木質ペレット燃料の事業性の評価を行っている。

以上のように木質ペレット燃料に関しては社会経済的な側面からの研究が深められているが，他のバイオマス資源に共通してその流通過程に関する研究が不十分である。そのような中で，木質ペレット燃料に関しては伊藤（2010）が，その導入が進んでいる岩手県を対象として，県内での需給構造や流通構造について明らかにしている。本章では，先進地域の岩手県に対して，後発地域であるA県を対象として，その需給構造を木質ペレットの地域間移動の視点から検討していきたい。

なお，ここでいう後発地域とは，利用面での後発性と生産面での後発性の両方を含む。すなわち，利用面では，図6-1には木質ペレットの需要先としての位置が大きいペレットボイラー（ペレットの販売量に占めるストーブ用とボイラー用の割合は，2007年の推計値で，ストーブ用が12.6％，ボイラー用が87.4％となっている[1]）の台数を示したが，岩手県では2000年代の前半に早くも導入が進み，2010年には51台が導入されているのに対して，対象としたA県では2000年代の後半から導入が進むものの，2010年でも13台にとどまっている。また，岩手県における木質ペレットの利用量もこの間に増加しており，2005年の2,225 t から2010年には4,138 t へと5年間で倍増している[2]。このようにA県における利用面ではペレットボイラー導入時期および導入台数の両面で後発性がみられるのである。

また，生産面をみると，岩手県では木質ペレットの供給は4社によって行われており[3]，葛巻林業株式会社が早くも1982年から生産を開始し，けせんプレカット事業協同組合が2003年に製造施設設置，紫波町役場が2005年か

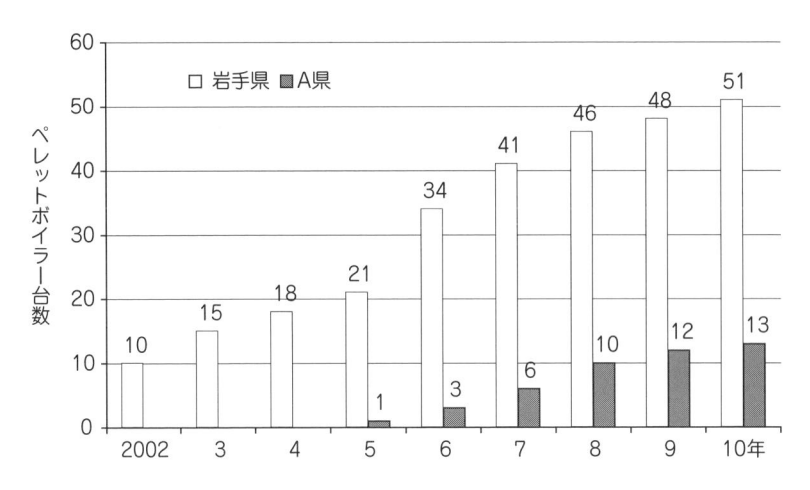

第6章　木質ペレット燃料流通の広域化と地域における需給の不整合問題

図6-1　木質ペレットボイラーの導入台数の推移
（資料）岩手県は，岩手県「いわて木質バイオマスエネルギー利用拡大プラン」
（2011年3月），A県は後述のアンケート調査結果。

ら生産を開始している[4]。このように，岩手県ではペレットボイラーが地域に導入された初期段階から生産が開始されている。これに対してA県ではペレット生産は2社で行われているが，いずれも2008年からの製造開始となっており，2010年に県内で設置されているペレットボイラー13台の内10台までの導入がすすんだ段階で工場が設置されているという生産の後発性がみられる。

第2節　A県における木質ペレット燃料の生産構造と販売対応
―A社の事例―

1．A社の概要

　まず，A県で木質ペレット燃料の生産を行っているA社に対して2013年5月に行った調査結果から，その供給構造と販売対応についてみていきたい。
　A社は近隣の老人ホームにペレットボイラーが導入されたことをきっかけ

99

第2部　バイオマスの需給調整プロセス

表6-1　木質ペレット燃料の種類別生産量

（単位：ヶ所，t，%）

製品種類	製造箇所 （2007年）	生産量（割合）（t，%）		
		2005年	2006年	2007年
①ホワイト	20	3,700（42.5）	17,000（75.6）	22,000（67.5）
②バーク	4	1,800（20.7）	2,000（8.9）	2,300（7.1）
③全木	23	3,200（36.8）	3,500（15.5）	8,300（25.4）
計	47	8,700（100.0）	22,500（100.0）	32,600（100.0）

（資料）『平成19年度農林水産省補助事業　木質バイオマス利活用推進対策事業　木質ペレット利用推進対策報告書』2008年3月，財団法人　日本住宅・木材技術センター。
（注1）原料・製品種は主体的なもので区分。
（注2）製品種のホワイトは木質部，バークは樹皮，全木は木質部と樹皮が混合したものを原料とするペレット。

に，2006年に地域の建設業者15社で設立され，2007年に林野庁の事業を用いてペレット製造施設を設置し，2008年3月からペレットの販売を開始している。

　一般的に木質ペレットの種類と原料には，①「ホワイトペレット」（おが粉，プレナ・モルダー屑のように木質部のみを原料）と②「バークペレット」（樹皮を原料），そして③「全木ペレット」（林地残材，除・間伐材，製材背板のように樹皮付き丸太を粉砕）がある[5]。**表6-1**に示したように，全国の事業所数では①20，②4，③23事業所，2007年の生産量では，①が68%，②が7%，③が25%となっており，事業所数では③の「間伐材，製材背板，端材」から生産する事業所が多いが，数量では①の「おが粉，プレナ・モルダ屑等」から生産される量が圧倒的に多い。

　このような全体状況の中で，A社では，県内のスギの間伐材が原料の9割を占め，残りの1割は製材の端材等である。建築廃材も集荷しているが，これはチップ化し，ペレット工場の燃料として利用している。なお，原料の間伐材は地域の森林組合から購入している。

　木質ペレットの生産量は**図6-2**に示したように，製造開始当初は1,000t程度であったが，12年に1,300t程度にまで増加している。なお，A社の最大生産可能量は，24時間，365日稼働した場合で年間2,000tとなっている。

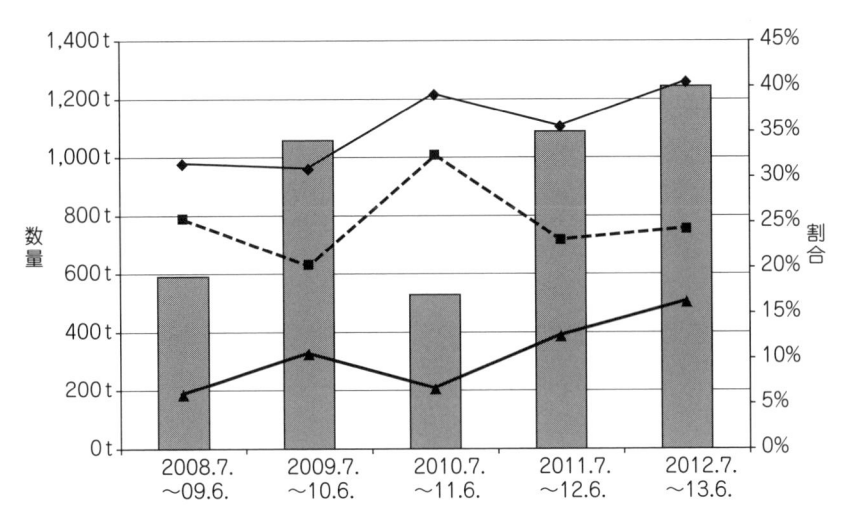

第6章　木質ペレット燃料流通の広域化と地域における需給の不整合問題

図6-2　A社のペレット生産量と仕向先

（資料）A社資料。

２．A社の販売対応

　A社のペレットの販売先は，A県内と岩手県の2つのチャネルに分けられる。

　まず，A県内のチャネルでは，小売店向けが1割，一般家庭のペレットストーブ向け直接販売が1割，老人福祉施設等のペレットボイラー向け直接販売が8割となっている。小口での販売価格は1kg当たり45円である。県内のチャネルは，震災直後は増加しているが，それ以外の年では700t程度と横ばいで推移している（前掲図6-2）。

　岩手県向けのチャネルでは，岩手県のペレット燃料の仲介業者（環境関連設備会社）を介して，主として岩手県のBブロイラー農場の鶏舎の床暖房用のペレットボイラーで利用されている。B農場では，東日本大震災の影響で2010年7月〜11年6月の期間には利用量が減少したが，2013年には会社が復興し，以前の状態に回復している。

第2部　バイオマスの需給調整プロセス

　このような中で，岩手県のチャネルは当初は年間200 t 程度の販売量であったが，2012年には500 t 程度まで増加を示している（前掲図6-2）。この背景には，第1節でみたように岩手県での木質ペレット利用量の増加があると考えられる。

　以上のように，A社では生産量の拡大に対して県内需要のみではなく，岩手県のユーザーからの需要に積極的に対応することによって，販売先を確保している。そして，岩手県への販売は増加傾向にある。このような県内での販売量の停滞と岩手県への出荷の増加は，A県内の木質ペレット燃料市場の未成熟さに起因するものと考えられるが，つぎにA県内での木質ペレットの需要構造についてみていきたい。

第3節　A県のペレットボイラーにおける木質ペレットの利用実態──アンケート調査結果の分析──

　ここでは，A県内の木質ペレットの需要構造を，ペレットボイラー利用事業所に対するアンケート調査結果をもとに明らかにしていきたい。このアンケートは，A県内の木質ペレットボイラー利用施設14施設（県林政課把握分）に対して郵送によって2011年9月に行い，回答数は13施設，回答率は93％であった。このアンケートでは，県内のペレットボイラーでのペレット利用の全体像が把握出来るといえる。

　回答者の85％が福祉関係の事業所である。また，前掲図6-1で示したように，回答者の全てが2005年以降の導入であり，原油価格が高騰した2007〜08年の導入が多くなっていた。A社がペレット販売を開始した2008年の時点では，13社の内，10社がペレットボイラーを導入していたこととなる。

　まず，ペレットボイラーの導入理由をみると（図6-3），最も多いのが「原油価格の高騰」であり，導入時期の社会的状況と整合している。続いて「助成金が出る」，「CO_2削減」等の順となっている。CO_2削減を除くと，経済的な要因が大きくなっている。

第6章　木質ペレット燃料流通の広域化と地域における需給の不整合問題

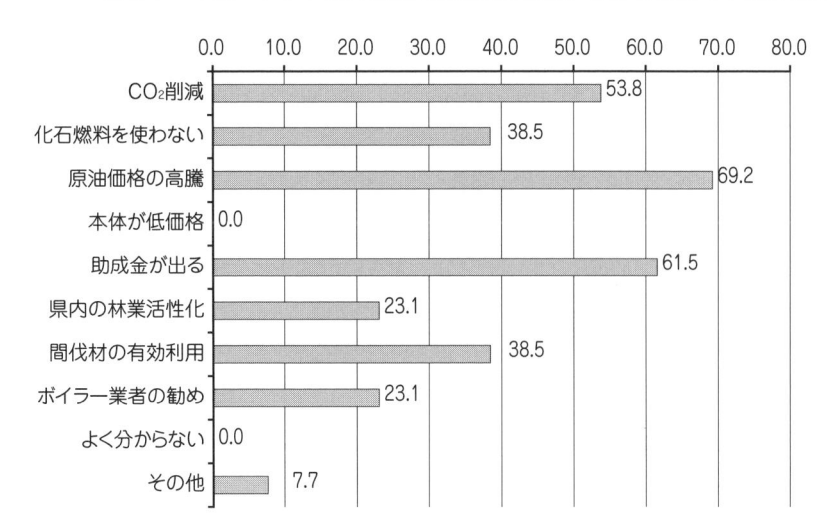

項目	値
CO_2削減	53.8
化石燃料を使わない	38.5
原油価格の高騰	69.2
本体が低価格	0.0
助成金が出る	61.5
県内の林業活性化	23.1
間伐材の有効利用	38.5
ボイラー業者の勧め	23.1
よく分からない	0.0
その他	7.7

図6-3　ペレットボイラーの導入理由（複数回答）（A県，2011年）
（資料）事業所アンケート調査結果（2011年）。

　つぎに，ペレットボイラー導入による経済的な効果をみると，回答者の総額では，ペレットボイラー利用前の重油・灯油の購入費用は年間8,408万円（平均934万円）であったが，ペレットボイラー導入後には，ペレットの購入費用が年間5,222万円（平均475万円），灯油・重油等の購入費用が3,983万円（平均443万円）となり，導入後のペレット，灯油，重油の購入費用の合計は9,205万円へと797万円の増加となっている。ただし，ペレットボイラー利用前には，化石燃料の使用で8,000万円近くの費用が必要であったが，ペレットボイラーの導入でその費用が半分に削減できている。

　個々の施設におけるペレットボイラー導入前とのコストの変化は，灯油・重油価格に変動があるために比較が難しいが，2011年9月の段階では，「安くなった」が40％と半分近くになるが，「高くなった」という回答も30％になっている。

　ペレットの購入先は（図6-4），「県内のペレットメーカー」から購入が46％で最も多く，つぎに「代理店」を通して購入するが38％で続いている。「代

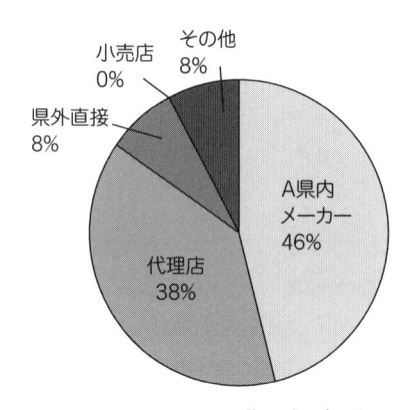

第2部　バイオマスの需給調整プロセス

図6-4　ペレットの購入先（A県，2011年）
（資料）事業所アンケート調査結果（2011年）。

理店」を通じたものは回答5事業所のうち，4事業所が中国・四国地方産のペレットであり，先のA社の岩手県への県外出荷に際しても仲介業者が介在していることをみても，県内のチャネルは直接流通が主流であるのに対して，県外とのチャネルは間接流通が主流となっている。

県内産と県外産の割合を**表6-2**からみると，事業所数では6割が県内産であり，県外産は半分に届かないが，数量では逆転し，およそ半々になっている。県外産はすべて中国・四国地方のメーカーが生産したペレットである。

このような需要におけるA県産と中国・四国地方産の併存と高い県外産の割合の背景には，以下のような2つの要因が存在する。

第1にあげられるのは，木質ペレットの品質とボイラーとのマッチングの問題である。A県のペレットボイラーの導入は，A社が生産を開始する以前から行われており，県外メーカーのペレットを使用することで導入が進められた。その際に，県外産のペレットは集成材の副産物（プレーナー屑）から生産されたマツのホワイトペレットが主体であり，ボイラーはこのホワイトペレット基準に調整がなされていた。これに対してA社の生産するペレットはスギが原料の全木ペレットであるが，これを先のペレットボイラーで利用した場合，焼却灰の関係で着火不良が発生するため，利用ができなかったの

第6章　木質ペレット燃料流通の広域化と地域における需給の不整合問題

表6-2　木質ペレットの生産県（A県，2011年）

生産県	県内	中国・四国	合計
事業所割合	62%	38%	100%
数量割合	49%	51%	100%

（資料）事業所アンケート調査結果（2011年）。

である。

　このことは，県内のペレットの地域市場が県外メーカーのペレットの利用によって形成されたことによって発生している。

　第2に価格水準の問題があげられる。木質ペレットは，前述のようにかんな屑や樹皮のような加工副産物を原料とするものと，間伐材等の林業副産物を原料とするものに分けられる。前者は原料調達コストも加工コストも低く，後者は相対的に高くなる。そのため，木質ペレットでは複数の価格の製品が市場で併存することになる。ペレットのボイラーユーザーの購入価格をアンケート調査結果からみると，県内産は1kg当たり40円程度なのに対して，中国・四国地方産は運賃込みでも1kg当たり26円になっている。このような原料調達・加工過程の違いがコストの違いと価格の違いを生み，A県産ペレットの県内での競争力を低下させていると考えられる。

　この点を図6-5の需要側のペレットの購入に際して重視している点からみても，一番多いのが「価格」であり，ついで「品質」となっており，「産地」は低くなっている。このように需要側が経済的な面を重視していることも，このような県外産割合が高い背景となっている。

　なお，図6-6には，全国的なペレットの販売価格帯別の事業所割合を示したが，事業所渡しで1kg当たり30〜39円が46%，40円以上も39%を占めている。図示していないが平均価格では1kg当たり（事業所渡しで配送料は別），ストーブ用で45〜47円，ボイラー用では38円であることから，A県産の40円程度の水準は，極端に高い水準とはいえないことが分かる。

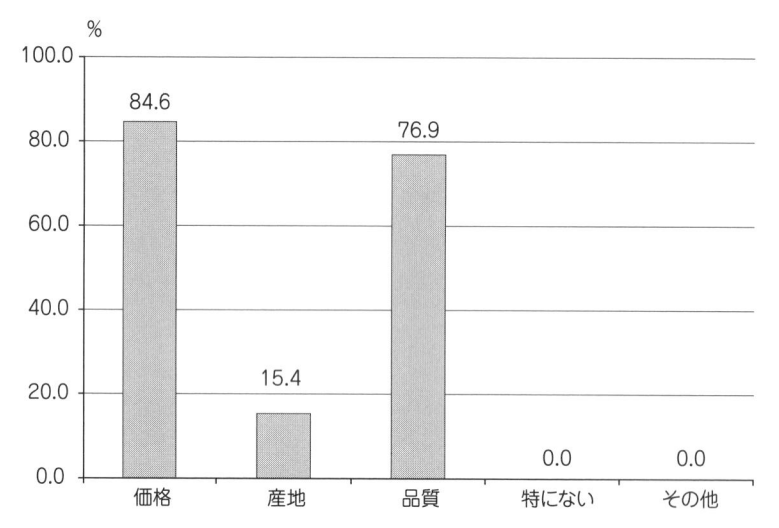

第2部　バイオマスの需給調整プロセス

図6-5　ペレット購入に際して重視している点（複数回答）（A県,2011年）
（資料）事業所アンケート調査結果（2011年）。

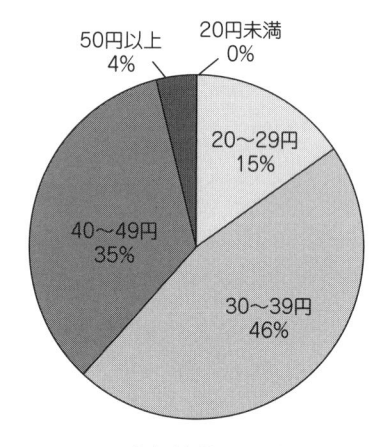

図6-6　ペレットの販売価格帯別の事業所数割合
（資料）（財）日本住宅・木材技術センター『木質ペレット利用推進対策事業報告書』（2008年），p.75。
（注）ボイラー用で配送料は含めない2006年の数値。回答数は26である。

第6章　木質ペレット燃料流通の広域化と地域における需給の不整合問題

第4節　おわりに

　以上のように，木質ペレット燃料の利用と生産の後発地域であるA県の地域市場においては，県内産の木質ペレットが岩手県に流出し，県内には中国・四国地方から流入するというバイオマス利用における地域的な需給不整合が発生していることが明らかになった。このような需給構造は，地域の需要構造を前提として，供給側の販路拡大・販売対応の積極的な取り組みの結果として生まれているといえる。その背景には，ペレットボイラーの導入過程とペレット生産施設の導入過程の歴史的なずれが存在する。そして，その要因としては，①木質ペレット燃料の品質（ボイラーとのマッチング）と，②木質ペレットの価格差の存在があげられる。その背景には，木質ペレットの場合には複数の原料が併存することが指摘できる。

　バイオマスエネルギーの場合には，灯油や重油，ガソリン・軽油などの化石エネルギーとの価格関係が問題とされてきたが，本章でみたように，バイオマスエネルギーの内部においても原料の違いによって製品に価格差が発生し，地域間の需給不整合の要因となっている。このような需給不整合の発生は，輸送コストの増大によるペレット生産段階の経営圧迫と，バイオマスエネルギー利用による地域再生の阻害要因となるだろう。このような状況の中で，地産地消型バイオマスエネルギー利用の推進と，より低い価格を求めるユーザーの選択をどのように調整していくのかが課題となるだろう。

　バイオマスにおけるリサイクル経路の広域化は，潜在的に地域間需給の不整合（＝錯綜構造）をもたらす危険性を有している。それは，バイオマスの需給を広域的に調整する主体が欠落しているためである。その結果，本章でみたように木質ペレット燃料において地域内では過剰化して他地域に流出しつつ，他の地域から流入しているという実態がみられた。

　さらに，このような需給の不整合は国内では低利用なのにもかかわらず輸入が行われるという国際的な不整合としてもあらわれている。近年の動向と

第2部　バイオマスの需給調整プロセス

して，木質ペレット輸入の増加がみられ[6]，2007年の1万4,000 t から2009年には10月までで4万9,000 t が発電用として輸入されており，価格も1 kg当たりCIF価格で2009年には21.8円に下がっているといわれている。

　これらの点から，地域における需給を調整する仕組みの検討と同時に，その調整を行う主体の育成が求められるのである。

注
(1) 財団法人日本住宅・木材技術センター『木質ペレット利用促進対策報告書』（2008年）p.18による。
(2) 岩手県「いわて木質バイオマスエネルギー利用拡大プラン」（2011年3月）p.2による。
(3) 財団法人日本住宅・木材技術センター前出，p.11による。
(4) 各社ホームページによる。
(5) (財) 日本住宅・木材技術センター『木質ペレット利用推進対策事業報告書』（2007年），p.13による。
(6) アジアバイオマスオフィスホームページ　http://www.asiabiomass.jp/topics/1002_02.html（2013年8月22日アクセス）。

第7章

地域バイオマス需給における調整主体の存立条件
―北海道の米ぬか市場を対象として―

第1節　本章の課題

　これまでの章では，バイオマスの静脈流通過程における需給調整の必要性や，需給調整の仕組みについての事例的な分析，需給調整モデルの提示を行ってきた。そして，流通過程の構成主体が個々バラバラに需給調整を行っており，地域における調整主体の欠如がさまざまな問題を発生させている点を明らかにし，地域における需給調整主体の形成が課題であることを示した。本章では，地域における需給調整主体の形成がみられる北海道の米ぬか市場を事例として，その存立条件について検討を行う。

　本章で対象とする米ぬかは，バイオマスの中でも様々な形での利用が進んでいる品目であり，食品利用（米油，漬け物用），肥料利用，飼料利用（生ぬか，脱脂米ぬか），キノコ培地利用等，用途は多岐にわたっているが，4割程度が廃棄されていると考えられるため（後述），その活用が課題となる廃棄物系バイオマスであるといえる。

　米ぬかは精米過程から発生する副産物であるため，その供給量は精米量に制約される。ただし，農業生産（米生産）に起因する供給量の季節的な変動は少ないが，米販売量（精米量）の季節性からくる若干の供給量の季節変動が存在する。また，複数の季節性を有した需要が存在するため，それらの間で競争が発生し，調整が必要となる。具体的には，通年的に大量の需要を形成する米油原料用途と相対的に少量で季節性をもつキノコ培地や飼料，肥料原料用途がある。また，米ぬかの油分は短期間に変質するため，加工前の生

ぬか状態での保存期間が短く，発生してから短期間のうちに加工する必要がある。そのため在庫形成も困難である。

　以上のような問題認識から，本章の課題は，多用途と需要の季節変動がみられる米ぬかを対象として，地域において季節的に発生する需給不均衡を調整する取り組み（季節的な需給調整とよぶ）の実施主体を析出し，その存立条件を個別経営主体の側面と地域的・社会的な側面の両側面から明らかにすることである。

　分析にあたって，米ぬかは消費地の精米過程で発生するため，大消費地を有する北海道を対象とし[1]，分析は事例データを用いる。事例としたのは米ぬかの供給を行うA農協の大規模精米所（2012年7月調査）と，そこから発生する米ぬかを利用して米油の原油を生産し，米ぬかの季節的な需給調整を担う原油メーカーB社（2013年7月，2014年7月調査）である。

　なお，米油生産は，米ぬかから原料油を生産する「原油生産プロセス」と原油から最終製品を生産する「精製プロセス」の二つのプロセスに分けられる。精製メーカーが原油の抽出を行う場合もあるが，原油メーカーと精製メーカーが別会社である場合もみられる。本章で事例としたB社は原油の生産のみを行う原油メーカーである。

　以下，第2節では，米ぬか利用の現状と価格の特質について検討し，第3節では，米ぬかの季節的な需給調整を担う主体の存立条件について原油メーカーの事例を用いて，個別経営的な側面から検討する。そして第4節では地域的・社会的な側面からの分析を原油メーカーと取引を行う精米所との関係から検討する。

第2節　米ぬか利用の現状と価格の特質

1．米ぬか利用の現状

　まず，米ぬか利用の現状についてみていきたい。米ぬかの発生量は，精米量によって決まるため，米の国内消費量の減少にともなって国内精米量は減

第7章　地域バイオマス需給における調整主体の存立条件

少し，米ぬかの発生量も減少することとなる。

　2008年の数値では，米ぬかの発生量は83万2,000tと推定され（米の食料仕向量の10％とした。農林水産省「食糧需給表」より推計），米油用が33万6,000t（40％），配混合飼料用が5万8,000t（7％）である（同「我が国の油脂事情」）。キノコ培地用の詳細は不明だが，米油業界では14％程度と推定している。この結果，4割程度が廃棄されていると考えられる。

　米ぬかの用途として最も多い米油の生産量を図7-1からみると1970年代がピークで1980～90年代に減少する。しかし，1996年ころから供給量が急増し，2008年には1980年代の水準に回復している。この間に国産米ぬか原料を用いた米油数量は横ばいだが，輸入米油の量が増加しており，この間の供給増は製品輸入量の増加によってまかなわれている。しかし，製品輸入量は2005年から停滞傾向に入り，ほぼ同じ時期の2004年から国産米油供給が増加傾向を示している。

　米油の主要輸入国別の輸入量をみると，増加した1994年から2003年まではタイからの輸入が多かったが，2005年からはタイからの輸入が減少し，2006

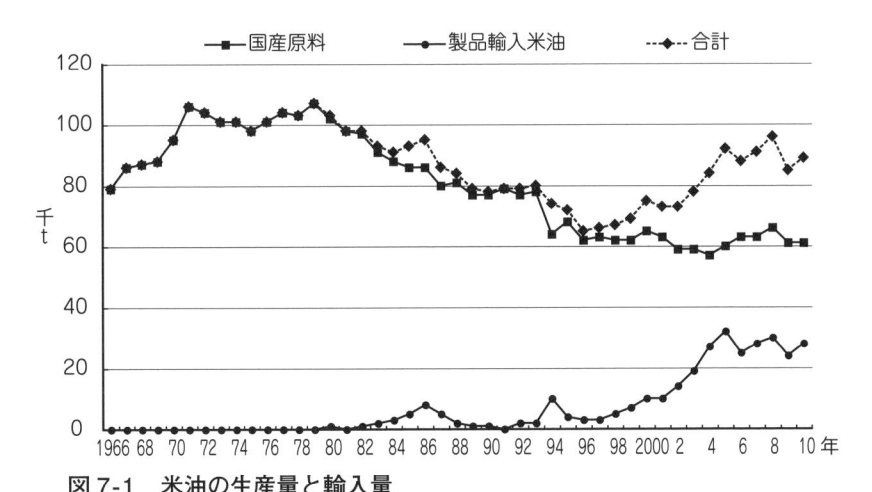

図7-1　米油の生産量と輸入量

（資料）農林水産省「わが国の油脂事情」。

表7-1 米油の主要国別輸入数量

(単位：t)

年	1994	2003	2004	2005	2006	2007	2008	2009	2010	2011
合計	10,114	18,866	27,238	31,791	24,521	28,474	30,384	24,058	27,923	23,026
タイ	8,195	14,762	25,856	26,661	19,402	17,803	15,336	12,259	9,692	4,738
ベトナム	−	−	382	3503	2,724	10,146	13,424	11,784	15,151	5,881
ブラジル	−	−	−	497	1,200	118	1,299	−	2,652	11,956

(資料)『食品流通統計年鑑』,『油脂産業年鑑』。

年からベトナムが増加している。しかし，その後はブラジルを含めて3ヶ国からの輸入量が主体であるが，輸入量は不安定化している。

2．米ぬか価格の特質

つぎに，米ぬか市場の特徴を示すために，米ぬか価格の特質について検討したい。

第1に，精米所における米ぬかの年平均販売価格の推移を図7-2に示した。この数値は，価格情報が入手出来た東北地方の精米業者F社の事例データであり，2005年を100とした指数である。

この図から，資源として取引される米ぬかはプラスの価格を形成しており，価格の（年次）変動がみられることがわかる。この価格変動は，複数の要因によって発生しており，F社では，第1に国際的な油脂原料価格と飼料価格に影響される場合（例えば2008年度は世界的に飼料価格が高騰したために上昇した），米ぬかの需給関係に規定される場合（2011年は東日本大震災の発生直後に行われた精米増により米ぬかが短期的に大量に供給され価格が低下した）があるとしている。

事例としたA農協においても価格は全国市場と連動しているが，米ぬかユーザーとの不定期な価格交渉によって決定され，価格変動の要因としては，油脂原料の需給関係や配合飼料の価格（米ぬかと脱脂米ぬか間の需要のシフト等）をあげている。

このように需給量の関係によって米ぬかの価格は変動することが第1の特

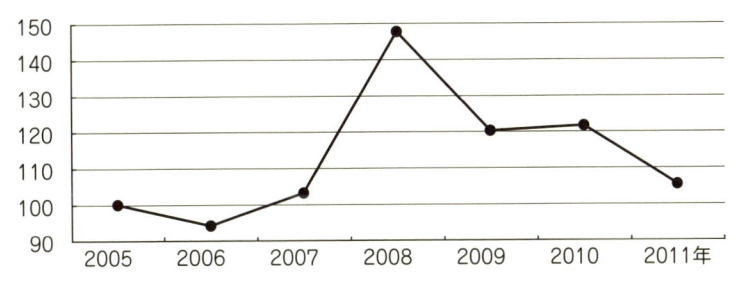

第7章　地域バイオマス需給における調整主体の存立条件

図7-2　東北地方のF社における米ぬか販売価格（2005年を100とした指数）
（資料）F社資料。

質であり，商品化の度合いは高いといえる。

　価格における第2の特徴は，油脂用（米油用）とそれ以外の用途での価格に違いがみられるという点である。表7-2には，米ぬかの用途別の卸売販売価格を統計で把握出来る2005年から2009年について示したが，油脂用は低く，その他が高くなっており，その差は高いときで1.4～1.6倍であり，米ぬか価格が全体的に上昇した2008年や2009年では倍率は縮小するものの1.1倍程度の差が発生している。

　また，価格が安定していた2005年と2006年の季節別の価格変動をみると，7月や10月にかけて価格が上昇する傾向がみられる。

　このような用途間での価格差と季節的な上昇の要因としては，飼料・キノコ培地・肥料ユーザーが季節的に米ぬかを確保するために，通年需要のある米油原料用よりも高い価格設定を行っていることがあげられる。事例としたB社の認識でも，その他の米ぬかの収集販売業者はB社の引き取り価格に常に一定金額を上乗せする形での価格設定を行っており，価格競争を行っても対抗できないと考えている。

　価格差の発生は，米油産業にとっては原料確保を困難にすると同時に，米油産業以外の米ぬかユーザーにとっては原料コストの増加をまねくことになる。

113

表7-2 米ぬかの卸売販売価格（30kg 当たり円）

	油脂用	油脂用以外
2005年平均	259円	399円
1月	262	398
4月	256	399
7月	257	403
10月	262	395
2006年平均	279	408
1月	272	405
4月	273	405
7月	282	411
10月	288	411
2007年平均	305	424
2008年平均	451	519
2009年平均	473	539

（注1）「食糧統計年報」（平成20年版）、「麦製品等の取引価格の推移」（平成22年7月）。
（注2）農林水産省資料。
（注3）4月、7月、10月、1月の25日から月末の間の1日の価格である。

第3節　米ぬかにおける季節的な需給調整の経営的側面
　　　　　―B社の事例―

　では、米油原油メーカーによる季節的な需給調整の実態について、B社を事例にみていきたい。

1. B社の概要

　米油の原油メーカーであるB社は、1940年に地元の雑穀商が集まって創設され、当初は米ぬかから石けん原料を生産し大手メーカーに納入していた。1960年代に入って米油生産を開始し、1970年代には経営の多角化を進め、ポテトチップスの生産を開始している。B社の売り上げ構成をみると（2009年度）、米ぬか抽出製品（原油、脱脂米ぬか他）の売り上げが21％、食油が18％なのに対して、ポテトチップスやポップコーンの売り上げが50％を占め

第7章　地域バイオマス需給における調整主体の存立条件

ている。

　2012年実績で1万1,200 t の米ぬかを北海道内の大規模精米所から集荷しており，大規模精米所からの仕入れが全体の90％を占めている。コイン精米機は集荷距離が長いことと地元の農家が直接米ぬかを回収して利用するため，集荷していない。B社では北海道の人口から米ぬかの年間発生量を3万 t と推定しており，このうちの3分の1を集荷していると認識している。

　米油の原料としては9,150 t の米ぬかを利用しており，そこから原油を1,930 t 生産し，山形県の米油メーカーに出荷している。原油の価格は酸価によって変化し，月毎に酸価にあわせて価格が計算されている。原油を運んだ「帰り荷」として，精製過程で発生した食用にならない油を運んでおり，燃料として利用している。

　原油生産の副産物である脱脂米ぬかは飼料向けや肥料向けに販売されることとなる。

2．B社による米ぬかの季節的な需給調整

　つぎに，B社による米ぬかの季節的な需給調整の実態についてみていきたい。

　集荷した1万1,200 t のうち自社の米油の原料として9,150 t を利用し，残りの2,050 t には一部搾油できない精米ぬかが含まれるが，それらは飼料用として販売され，その他は飼料用，キノコ培地用，肥料用に（脱脂米ぬかではなく）生ぬかで他の事業者に販売を行っている。B社では米ぬかの販売価格は年間を通して一定に設定しており，季節的に価格の有利な用途を選んで出荷先を選択することは行っていないという。また，米ぬかの仕入価格も年間を通して一定である。

　現時点において他の用途へ米ぬかを振り分ける際には，米油向けの米ぬかの量を減らして対応している。具体的に図7-3には，B社の米ぬかの月別の用途割合を示した。ここではデータの制約から月別の利用量は示していないが，聞き取り調査結果からは月別の利用量に大きな変化はないと考えられる。

　用途としては，自社利用では米油の抽出用と自社の漬物用の2つがある。

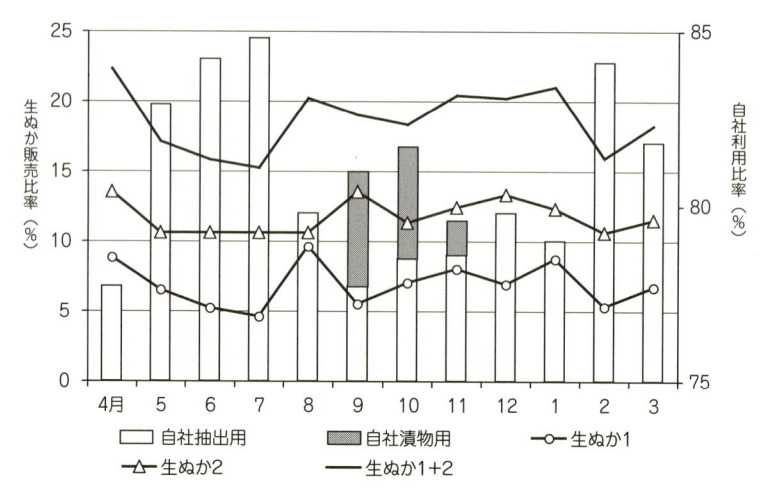

第2部　バイオマスの需給調整プロセス

図7-3　B社における米ぬかの月別・用途別利用割合（2013年度）
（資料）B社資料による。

　また，販売用では，飼料メーカーにB社が持ち込み販売を行っている「生ぬか1」と，飼料用・キノコ用・堆肥用を混在して販売している「生ぬか2」がある。

　飼料向けの「生ぬか1」は飼料メーカーを介して農協に販売しており，主に肉牛に用いられている。「生ぬか2」は，農協や商社に販売しており，このうち9月から1月に増加している部分がキノコ培地での利用と考えられ，「生ぬか2」全体の30％が商社経由で北海道内の大手のキノコメーカーに出荷されているとB社では把握している。これらはいずれも農業用資材原料であり，エンドユーザーは農業生産者となる。

　これらの配分に際して，長期継続的な取引を行っている大口ユーザーと小口のスポット取引のユーザーのいずれに対しても需要に対する充足度は高いと考えているが，新規の大口ユーザーには米ぬかの不足によって対応出来ないのが現状である。

　販売用の生ぬかの割合は「生ぬか1」と「生ぬか2」の合計では8月から翌年の1月にかけて増加し，4月に再び増加している。これは，「生ぬか1」

の8月および11月〜1月の需要と,「生ぬか2」の9月から1月の需要が合成されたものである。これらの割合の増加に対応して,米油抽出用の米ぬか割合は低下し,最大値である7月の85%に対して,9月には自社での漬物用の利用増加も起きるため78%へと7ポイントの低下となっている。

B社の場合,米ぬかの調達量の季節的な変動は大きくないため,自社の米油原料数量をバッファーとして季節的な他の用途の需要に米ぬかを供給する対応を行っているのである。

3．経営的な評価

このような自社原料を減らしながら他社の需要に対応する方法は,B社の経営上の得失からみた場合,どのように評価できるのだろうか。

図7-4は,米油を生産した場合と米ぬかの販売（生ぬか販売）を行った場合の利益の違いを概念的に表したものである。単純化のために,米油の製造コストは生産量に対して一定とし,米油の販売単価も販売数量に対して一定とする。米ぬかと脱脂米ぬかの販売に際して必要となるコストは0としてある。

横軸に米ぬかの取り扱い数量を,縦軸は米ぬか1単位当たりに換算した米ぬか販売価格,米ぬか仕入コスト,米油価格,米油製造コスト,脱脂米ぬか販売収入を示してある。以下では調達した米ぬかを①全量抽出した場合,②一部（数量b）をB社が他社に売却した場合,③一部（数量b）を精米業者が直接他社に売却した場合の3つの場合についてB社の利益についてみていきたい。なお,B社では,米ぬかのバラ取引での販売価格は,〈仕入価格＋経費＋利益＋運賃〉で設定している。

①調達した米ぬか［数量a＋b］全量を米油の抽出に用いた場合,B社の利益は,［米油販売利益A＋B］＋［脱脂米ぬか販売収入C＋D］になる。これに対して,②数量aを米油抽出し,数量bを販売した場合,B社の利益は［米油販売利益A］＋［脱脂米ぬか販売収入C］＋［米ぬか販売利益E］となり,①と②の場合のB社の利益の多寡は,［脱脂米ぬか販売収入D＋米油販売利益

第2部　バイオマスの需給調整プロセス

```
脱脂米ぬか収入  ┌─────────────────┬─────────────────┐
米油価格        │ 脱脂米ぬか販売収入 C │ 脱脂米ぬか       │
               │                 │ 販売収入 D       │
               ├─────────────────┼─────────────────┤
               │ 米油販売利益 A   │ 米油販売利益 B   │
米油製造コスト   │                 │                 │
               │                 ├─────────────────┤
               │                 │ 米ぬか販売       │
               │                 │ 利益 E          │
               │         米ぬか販売価格              │
米ぬか仕入れコスト│                 │                 │
               └─────────────────┴─────────────────┘
                     数量 a              数量 b
```

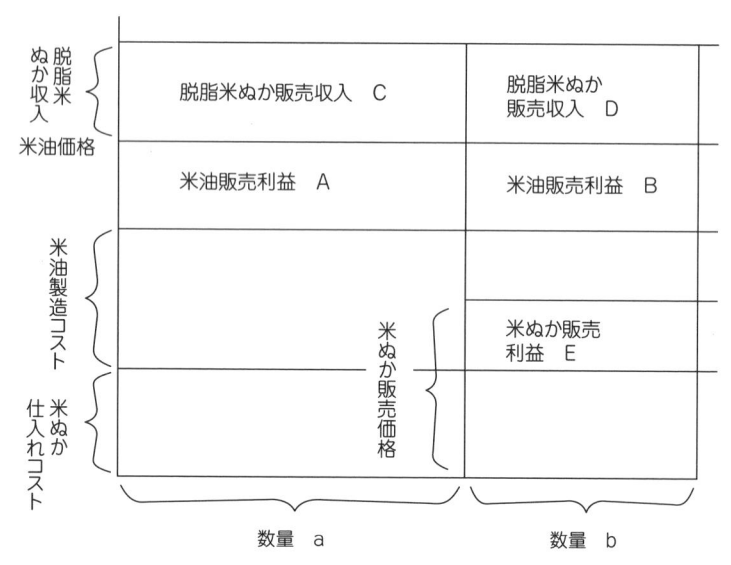

図7-4　米ぬか利用の経営的評価

B］と［米ぬか販売利益E］との大小関係で決まり，脱脂米ぬか価格，米油価格，米ぬか販売価格水準に依存する。

これに対して，③B社が季節的な需給調整を行わない場合，数量bはB社を介さずに直接ユーザーに販売されるため，B社の収入は，［米油販売利益A］＋［脱脂米ぬか販売収入C］となり，①と比較した場合には［米油販売利益B＋脱脂米ぬか販売収入D］が減収になり，②と比較した場合には［米ぬか販売利益E］の部分は減収になる。

このように，経営的な視点からみた場合，少なくとも季節的な需給調整の実施を前提として米ぬかを確保した方が（②），その機能を外部にゆだねる場合（③）よりも有利になるといえる。

しかし，①と②でどちらが有利かは脱脂米ぬかと米油そして米ぬかの販売価格に依存するために，一概には決まらない。ただし，B社では2014年の抽出工場の稼働率が8割であり，原料米ぬかは不足しているのが現状である。そのため，米油製造設備の維持や作業員の仕事の確保を考えたときには，できるだけ多くの米ぬかを米油の抽出に用いたいという意向である。

第7章　地域バイオマス需給における調整主体の存立条件

このように，季節的に需給調整を行った方がその機能を外部にゆだねる場合よりも経営的に有利であるが，個別経営の評価からは，調整を行わなくてはならない必然性は説明できない。そこで，つぎに，B社の取引関係からその存立条件を検討していきたい。

第4節　季節的な需給調整の地域的・社会的側面
―B社とA農協の取引関係―

つぎに米ぬかの季節的な需給調整主体の存立条件を，地域的・社会的側面から検討していきたい。具体的には，米ぬかの供給サイドであるA農協や他需要でのユーザーとB社との取引関係からみていきたい。

事例としたA農協の精米所は北海道でも最大規模の施設であり，二カ所の精米所から年間6,000ｔの米ぬかが発生する。これはB社の米ぬか集荷量の半分にあたる量である。米ぬかの発生量の季節変動はあまり大きくはないが，精米量は新米需要によって出来秋に増え，その反動から1～2月は減少するため，年末から1，2月は発生量が低下している。

米ぬかは，米油の原油メーカーB社に8割を，飼料利用を行うC社に2割を，いずれも有償で販売している。

A農協の米ぬかは20ｔタンク2本で常温で保管されるため，B社は品質の劣化を抑えるために発生後，速やかに米ぬかをタンクから搬出し，原油を抽出する必要がある。また，A農協にとっては2本のタンクが米ぬかでいっぱいになると，新たに発生した米ぬかの保管場所がなくなり，精米ができなくなるため，速やかな搬出を求めることになる。そのような中で，米ぬかはB社が1日2回の搬出を行っている。

B社を主要な出荷先とする理由としてA農協は第1に大量にかつ通年で米ぬかを出荷でき，それは道内ではB社のみであること。第2に精米工場では米ぬかは毎日発生するため，確実に全量の米ぬかを引き取ることができること。第3にA農協は関連会社に飼料会社があるため，飼料原料として搾油後

119

の脱脂米ぬかを関連会社に再販売することが可能なこと，をあげている。このように，米ぬかの大量・通年引き受けと確実な全量搬出，そして脱脂米ぬかの再販売を条件とし，A農協とB社との長期継続的な取引関係が形成されているといえる。

これに対してサブ的な出荷先であるC社は，週に一回程度の搬出頻度であるが，いつ搬出するかは決まっているわけではなく，飼料原料としてスポット的に取引を行っているのが現状である。そのため，脱脂米ぬかの回収も行うことができない。そのような中でA農協がC社と取引を行っている理由として，B社1社との取引だけではそこで形成される取引価格が適切かどうかを判断できないため，価格情報を得ることをあげている。

このような取引関係の中で，A農協が，より高い価格を求めて季節的に米油以外の用途に米ぬかをより多く販売した場合，どのような問題がおきるのだろうか。

第1に，B社に与える影響がある。A農協が，キノコ培地利用のような季節的な需要に対して米ぬかをより多く仕向けた場合，その時期に米油工場では原料が不足し，原油メーカーは経営を続けることが困難になる。現実にも米油メーカーは北海道にはB社1社が残っているだけである。通年的に大量の米ぬか需要が存在する原油メーカーの経営に不調が起きると，キノコ培地等の需要期以外での米ぬかの資源としての利用が精米所には困難になり，逆有償での処理が必要となる。この結果，精米所にとってはコスト負担の増加を引き起こすことになりかねない。

第2に，飼料・キノコ培地・肥料用で米ぬかを使用するエンドユーザーである農業生産者に与える影響がある。前述のように，B社の米油原料以外での米ぬかは農業用資材原料に仕向けられていた。仮にA農協がより高い販売価格を求めて米ぬかを他用途に販売した場合，米ぬか価格の上昇は買い手である飼料メーカーやキノコ培地メーカーのコスト増を介して，最終的には農業生産者の経営コストの上昇を引き起こすことになる。すなわち，価格の上昇によるA農協のメリットは生産段階で相殺されるのである。

第7章　地域バイオマス需給における調整主体の存立条件

　以上のように，B社への最大の米ぬかの供給者であるA農協にとっては，B社による米ぬかの季節的な需給調整は，通年的な米ぬかの利用先を確保しつつ，季節的な農業資材需要に資材価格の上昇を抑えつつ対応できるというメリットがある。特に，A農協以外の米ぬか供給者の中には，価格をみながら他用途とB社への出荷量を変動させる業者もあるという。その場合，B社は生ぬか需要者との長期的取引関係を重視して調整を行っており，調達量の変動も含めて自社で調整し，他のユーザーに供給を行っている社会的意義は大きいといえる。

　このような取引関係の下で，B社が季節的な需要の変動に対応しなければ，少なくない量が精米所から直接，飼料メーカーやキノコ培地用に販売され，B社は米ぬかの売買差益の確保もできなくなってしまうのである。

　また，精米工場にとっては，米油用とキノコ培地用等での需要間の配分をB社にゆだねることで，米ぬかの集荷と分荷の両方の機能を原油メーカーに任せることとなり，流通コストを削減できるメリットがある。

第5節　おわりに

　副産物バイオマスは需給の年次変動や季節性が存在するため，なんらかの需給調整の実施が不可欠である。そのような中で，米ぬかの需給関係においては，原油メーカーが極めて限定された範囲ではあるものの，季節的な需要の変動に対応して自社利用部分をバッファーとした季節的な需給調整を行っていることが明らかとなった。

　最後に，米ぬかの季節的な需給調整主体の存立条件について整理しておきたい。

　まず第1に，一方に原油メーカーという米ぬかの大量かつ通年的な利用主体が存在し，他方にキノコ培地等の少量の季節的な需要が存在するが，この米油用と他の用途との数量関係（一方は大量・通年，他方は相対的に少量・季節的）が条件としてあげられる。

121

第2部　バイオマスの需給調整プロセス

　第2に，この条件の下で，原油メーカーは季節的に自社の米油仕向けを減らして他用途に振り分けるという特殊な対応をとっていた。このように自社で利用する原料米ぬかをバッファーとして他の季節的な需要に対応することは，経営的な側面からみた場合，季節的に米ぬかが精米所から直接他のユーザーに仕向けられるよりも，他需要に仲介した方が売買差益分だけB社にとって有利になる。ただしこの対応は，B社にとっては工場の稼働率の低下を招くというデメリットをもたらすことになる。

　第3に，精米所にとっては，①米ぬかの処理に伴う長期的なリスクを避けつつ，特にA農協との取引関係に限定してみれば，②農協グループでの飼料用・キノコ培地用・肥料用の米ぬかと搾油後に発生する飼料用の脱脂米ぬかの確保を図ることができること。さらに，③市場にゆだねておけば季節的な米ぬか価格の上昇リスクが発生するが，B社を介することで季節的な価格競争を抑制し，価格上昇を抑えることで農業資材を確保しつつ農業生産者のコスト増を回避することが可能となる点があげられる。これらのことから精米所は，B社に季節的な需給調整をゆだね，一定の米ぬかの売買差益を確保する機会を提供することで，原油メーカーの経営維持を支援する対応をとっているといえる。

　以上のように，原油メーカーが地域において季節的な需給調整を行う仕組みは，米ぬかの仲介によるメリットを経営的な側面での条件としつつ，精米所（特に農協精米所），飼料メーカー，農業生産者等との取引関係という地域的・社会的な関係のもとで，米ぬかの集荷機能と1次加工機能をあわせもつ原油メーカーが，季節的な分荷機能をも地域の諸主体から付与された結果，形成されたといえる。

注
（1）平成24年工業統計表「品目編」データ（平成26年3月28日公表・掲載）によると，「精米（砕精米を含む）」の都道府県別の出荷数量（従業者4人以上の事業所）では，北海道は埼玉県についで第2位である。経済産業省：http://www.meti.go.jp/statistics/tyo/kougyo/result-2/h24/kakuho/hinmoku/index.html.

第8章

バイオマス需給における原料調達過程と製品販売・利用過程間の調整
―廃食油バイオディーゼル燃料事業を対象として―

第1節 本章の課題

　序章の第4節でみたように，バイオマスの利活用においては，「原料調達過程」と「製品販売・利用」過程の双方に課題が存在するが，小澤・浦上（2013）が指摘しているように，バイオマス事業を実施するに際しては，原料調達過程と製品販売・利用過程の間にズレが生じる場合がみられ，これがバイオマス事業の推進の障害となる。例えば，木質ペレット製造施設を設置して生産を行ってもペレット需要が地域に少ない場合や，ペレットストーブを地域に導入しようとしても，ペレットの生産者が地域に少ないために，ペレットが充分に入手出来ない場合には，バイオマス事業の推進が困難になる。
　そのような問題に対して，岩手県の取り組みを分析した伊藤（2012）が指摘するように，ペレットの生産開始と並行して地域に市場を創出する取り組みを行うという地域対応もみられるが，個々の事業者レベルでの取り組みとしては，原料調達過程と製品販売・利用過程の間での品質や数量での調整をどのように行うのかが課題となる。
　ここまでの分析では，第5章においてりんごジュース製造副産物を対象に，原料バイオマスの供給者と需要者であるバイオマス変換事業者の間での需給調整について検討を行い，チャネル内，チャネル間，チャネル外の三段階の調整モデルを示した。また，第7章では米ぬかを対象に地域における原料バイオマスの大量需要者が，地域の他の小規模需要者との関係で需給調整の担

い手として機能していることを明らかにした。

　しかし，いずれも原料バイオマスの供給者とバイオマス変換事業者との間の取引を対象とした分析である。しかし，バイオマスの事業においては，原料バイオマスの供給者とバイオマス変換事業者との間での取引過程と，バイオマス変換事業者と製品バイオマスのユーザーとの間での取引過程の二つの過程が存在する。そのため，これまでの分析では後者の取引過程が対象に含まれていないという問題がある。バイオマス事業においては双方の過程に課題があり，さらにバイオマス変換事業者を挟んだ原料調達過程と製品販売・利用過程の間での調整に関する検討も必要だからである。

　そこで本章では，バイオマスにおける原料調達過程と製品販売・利用過程の間の調整メカニズムについて，バイオディーゼル燃料（以下，B.D.燃料）事業を事例として検討したい。

　具体的には，原料バイオマスとして廃食油を，バイオマス製品としてB.D.燃料をとりあげる。用いるデータは，2014年2月に全国のB.D.燃料製造事業者を対象に行ったアンケート調査結果である[1]。

　ここで対象とするB.D.燃料は，植物油から生産される軽油代替燃料であり，輸送用燃料として主に利用される。世界全体では2012年の実績で2,250万kℓが生産されており[2]，日本でも2010年には2万kℓが生産されている[3]。いずれも生産量は増加している。B.D.燃料には，ヨーロッパやアメリカのように未使用の植物油を原料として生産される場合と，日本のように使用済みの植物油から生産される場合がある。未使用の植物油を原料とする場合には，食料との競合の問題や環境破壊の問題が発生するため，日本のような廃食油を原料としたB.D.燃料事業はメリットが大きいといえる。

　B.D.燃料に関する既存の研究をみると，まず小泉（2009）では，ヨーロッパ，アメリカ，アジアの油脂植物を直接原料としたB.D.燃料事業を対象として，その利用が食料市場に与える影響を分析している。また，国内を対象とした平野（2008）や矢口（2009）では地域づくりとの関係でこの事業を分析し，泉谷（2013）では，B.D.燃料製造事業者の類型論的な検討を行っている。し

第8章　バイオマス需給における原料調達過程と製品販売・利用過程間の調整

かし，国内を対象とした分析はいずれも事例分析であり，我が国のB.D.燃料事業における原料調達過程と製品販売・利用過程の全体像は依然明らかにされておらず，両過程の関係に焦点を当てた研究も行われていない。

　以上をふまえて，本章の課題は，第1にB.D.燃料事業者に対する全国アンケート調査結果を用いて，原料調達過程と製品販売・利用過程について我が国におけるB.D.燃料事業の特質を明らかにする。第2に，バイオマス需給の不安定性に際して存在する需給調整の仕組みについて，廃食油の調達過程とB.D.燃料の販売・利用過程の2段階について解明することである。

　以下，第2節では原料調達過程を対象として廃食油の調達構造について検討し，第3節では製品販売・利用過程を対象としてB.D.燃料の消費・販売の特質について検討を行う。そして最後に，B.D.燃料事業を巡って，廃食油の調達過程と製品燃料の販売・利用過程間の調整のメカニズムについて明らかにしたい。

第2節　原料調達過程の特質

　ここではB.D.燃料事業における原料調達過程の特質について検討していきたい。前述のように，日本のB.D.燃料の原料は，導入先進国であるヨーロッパとは大きく異なっている。ヨーロッパでは菜種油やひまわり油が，アメリカでは大豆油が，東南アジアではパーム油が利用されているのに対して（山根（2007）），日本では廃食油を原料としたB.D.燃料事業が行われている。例えば，B.D.燃料関連事業者への別のアンケート調査によると[4]，回答した燃料製造者58事業者のすべてが廃食油を利用しており，なたね油と大豆油を直接利用している割合は0％，ひまわり油は1.7％にすぎない。

　つぎに，原料となる廃食油の発生と利用の現状であるが[5]，国内の植物性食用油の年間消費量は229万tであり，そこから43〜45万tの廃食油が発生している。このうち外食産業から33〜35万tが，一般家庭から9〜10万tが排出されている。

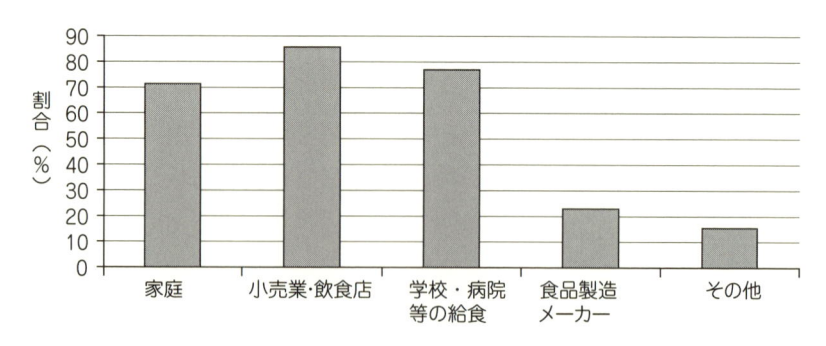

第2部　バイオマスの需給調整プロセス

図8-1　廃食油の収集先別割合（複数回答，N=161）

　用途としては，外食産業から排出されるものは23〜25万 t が飼料用として配合飼料に添加され，工業用（石けん，塗料等）で2〜3万 t が，燃料及び輸出（B.D.燃料，ボイラー燃料）で1〜2万 t が利用されており，残りの6〜8万 t が廃棄されている。一般家庭から排出されるものは，「B.D.燃料，石けん」利用が0.5〜1万 t で，残りの大部分（9〜10万 t）は廃棄されていると推定される。このように，日本では利用されている廃食油の大部分が飼料用であり，エネルギー利用は直接燃料も含めて極めて少ないのが現状である。

　では，アンケート調査結果からB.D.燃料事業における原料調達過程の特質についてみていきたい。

　第1に廃食油の収集先をみると（**図8-1**），小売店・飲食店が最も割合が高く，家庭と学校・病院等の給食も同程度となっている。これに対して食品製造メーカーからの割合は低くなっている。1カ所から大量に排出される食品製造メーカーからの収集が少ないのは，制度的な要因と飼料用ユーザーが古くから収集を行っているためであると考えられ，地域の原料市場におけるB.D.燃料事業の後発性が影響しているといえる。

　このようにB.D.燃料事業においては相対的に少量分散型の排出事業者からの原料調達が多くなっており，収集にコストと手間が多くかかる状況になっている。このような原料調達は，収集に小回りのきく小規模なB.D.燃料事業

第 8 章　バイオマス需給における原料調達過程と製品販売・利用過程間の調整

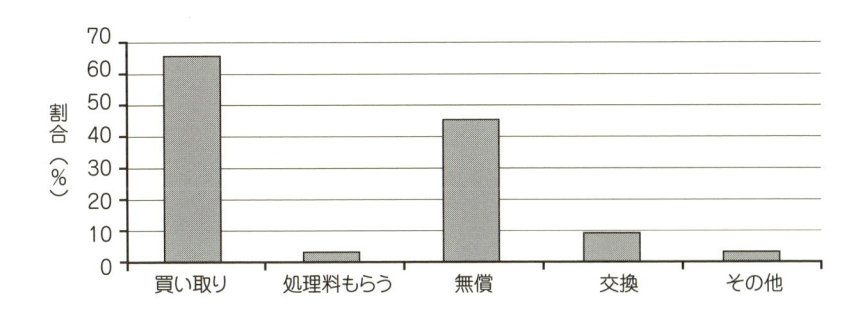

図 8-2　廃食油の収集に際しての金銭の授受（複数回答，N=160）

者にとっては有利になると考えられる。

つぎに，廃食油の収集における金銭の授受の有無についてみると（図8-2），廃食油の収集に際しては，「買い取り」が最も多く，ついで「無償」が多くなっている。ポイント等との「交換」を行ってるところも1割程度存在するが，逆有償（「処理料をもらう」）で行っている事業所の割合は低い。このように，原料調達過程においては，商品としての取引が進んでいるが，「無償」「交換」という非市場的な調達構造の位置も大きいのが特徴である。

第3節　製品販売・利用過程の特質

つぎに，製品であるB.D.燃料の利用や販売過程の特質についてみていきたい。まず，日本では，そもそもディーゼル乗用車がヨーロッパと比較して割合が低いのに加え，新型エンジンの導入によってB100（B.D.燃料100％）での利用に制限が加わっている。また，低品質のB.D.燃料も一部に存在するため，それによる利用者の減少（風評被害を含む）も発生しており，需要には制約が多いのが現状である。

まず，従来はあまり取り上げられてこなかった，B.D.燃料の自社での利用についてみると，図示はしていないが89％の事業所が自社で利用を行っており（N＝162），B.D.燃料における販売・利用過程の自給的な性格がみられる。

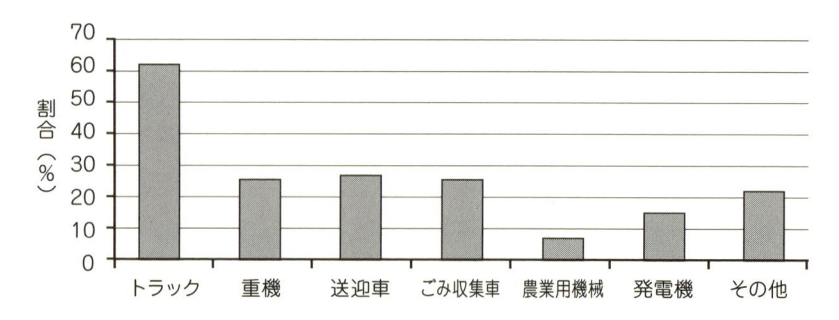

第2部　バイオマスの需給調整プロセス

図8-3　自社でのB.D.燃料の利用先（複数回答，N=144）

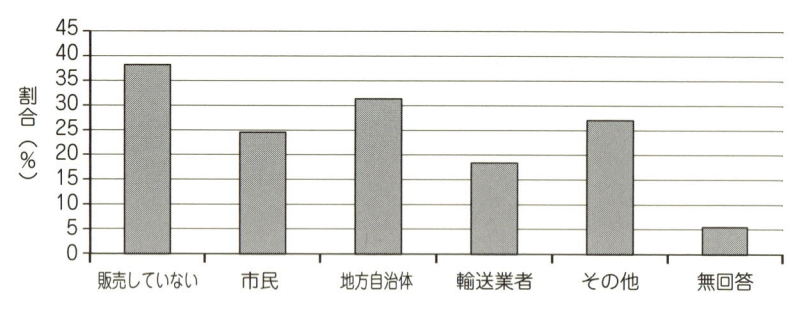

図8-4　B.D.燃料の販売先（N=162）

　自社で利用している量の全体に占める割合は，10割が33％，5割以上10割未満が23％を占めており，5割以上を自社で利用している事業所が半分を占めている。このような自社利用割合の高さは，B.D.燃料の過不足時に際して，自社分をバッファーとした対応（軽油による代替）が可能となるメリットがある。

　図8-3から自社でのB.D.燃料の利用先をみると，トラックが一番多くなっており，重機，送迎車，ごみ収集車がつぎに多くなっている。これに対して，発電機や農業用機械の利用割合は低いため，これら用途での利用拡大が課題であるといえる。

　B.D.燃料の販売先では（図8-4），販売していない事業者が4割も存在する。また販売先として最も割合が高いのは地方自治体であり，ついでその他，市

第8章　バイオマス需給における原料調達過程と製品販売・利用過程間の調整

民，輸送業者となっている。

　以上のように，製品販売・利用過程の特徴としては第1に，自社利用の割合が極めて高いことがあげられる。自社での利用では，比較的容易に利用状況を管理できるため，不具合等への対応も容易になるというメリットがある。

　第2に業務用需要の多さであり，B.D.燃料事業はトラック等の業務用の大量需要の存在を前提としているといえる。軽油価格の上昇するもとでは，業務用利用のメリットは高くなると考えられる。

　第3に需要における地方自治体の役割の高さであり，これらの点はいずれも製品販売・利用における非市場的・自給的な特質を示しているといえる。

第4節　需給調整メカニズムの特質

　以上のような原料調達過程と製品販売・利用過程の特質を前提として，これら2つの過程の間の調整がどのような仕組みで行われているのかを検討していきたい。

　まず，一般的に需要量と供給量の間に不均衡が発生した場合，通常の加工製品の場合には，需要量に対応して在庫で調整を行うか，生産量を調整することで対応を行う。生産量の調整を行う場合には，原料調達量の変化で対応することとなる。これに対して廃食油の場合，最終製品で過剰が発生しても原料調達量を抑制することは排出事業者との関係で困難である。これは原料調達過程が非市場的な関係に依存していることも影響している。逆に，原料調達量を増やそうとしても副産物のために制約がおきる。そのため，通常の加工製品とは異なった需給調整が必要となる。

　まず，図示はしていないが，B.D.燃料の生産量が需要量に対して「ちょうど良い」と回答した66事業所における廃食油の過不足感をみると，「ちょうど良い」が53％，「不足」が10％なのに対して，「過剰」が35％を占めている。このことはB.D.燃料が過剰となった場合の矛盾は廃食油の需給に向けられることを意味している。

129

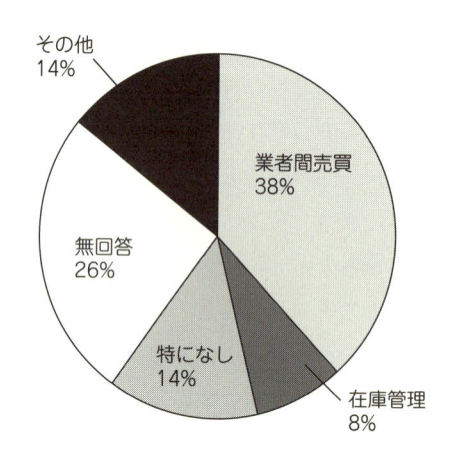

第2部 バイオマスの需給調整プロセス

図8-5 廃食油の過不足時の対応（N=160）

　また，廃食油の利用において自社でのB.D.燃料以外の利用が可能であれば，過剰化をある程度緩和することができる。そこで廃食油の直接利用やB.D.燃料以外の廃食油原料製品の生産を行っているかどうかについてみると，生産を行っているのは18％にすぎず（N＝162），製品は石けんが多くなっている。このように大部分の事業所は自社内で廃食油利用における過不足のバッファーを持たないため，自社内での廃食油の用途間調整は困難となっている。

　そのため，廃食油の過不足時の対応は他の事業者との関係に頼らざるを得ない。図8-5には，廃食油の過不足時の対応についてみたものである。「無回答」や「特になし」が半分近くを占めているが，具体的に行っている対応では「業者間売買」が最も多く，「在庫管理」は極めて少なくなっている。

　業者間売買の具体的な事例として，表8-1には東北地方で廃食油からB.D.燃料を製造しているA社の廃食油総回収量とB.D.燃料の精製量，精製率を示した。A社の場合，2008年から11年にかけて廃食油の回収量は一般事業所（食品関連事業者，スーパーマーケット，コンビニエンスストア等）からの回収量の増加によって順調に伸びているものの，B.D.燃料の需要量が減少しており，精製率は低下している。これは，過去に低品質のB.D.燃料を製造

第 8 章　バイオマス需給における原料調達過程と製品販売・利用過程間の調整

表 8-1　A 社の廃食油回収量と B.D.燃料精製実績

(単位：ℓ)

年度	2008	2009	2010	2011
廃食油総回収量	40,396	45,533	46,140	50,581
うち一般事業所	28,689	34,687	37,539	40,647
B.D.燃料精製量	20,359	11,242	12,151	8,699
精製割合(%)	50.0	25.0	26.0	17.0

資料：A 社資料。

していた業者が地域内にいたことによるユーザーの不安と，ユーザーの新型ディーゼルエンジンへの切り替えが原因であると考えられる。

　A社では，この過剰分を県内に立地する別の大規模な廃食油回収事業者に販売を行うことで対応している。この回収業者は，主に産業廃棄物の処理を行っており，回収した廃食油は養豚や養鶏用の配合飼料原料として利用されている。

　以上の分析から，B.D.燃料事業においては，原料段階と製品段階で需給に不均衡が発生した場合，二段階での調整が行われていることが明らかになった。すなわち，製品段階（B.D.燃料）においては，過剰時には生産抑制を行うことで原料（廃食油）段階に矛盾が転嫁されている。また，不足時にはB.D.燃料の自給的性格を活かして自社利用を減らし，販売用を確保する対応が取られることとなる。

　また，原料段階（廃食油）では，自社内での直接利用の割合が低いことから，自社内での用途間調整は困難である。そのため，廃食油の需要サイドでの調整が必要になるが，事例分析から明らかになったのは飼料用での大量需要業者が過剰時には購入を行うことで需給バランスがとられているということである。この中で，中小のB.D.燃料事業者の大規模需要者の収集業者化がみられていたが，地域における大量需要者の有無が過剰化を防ぐ条件になると考えられる。

　最後に地元自治体との関係をみておくと（図8-6），連携を行っていない事業者は3割に過ぎず，大部分の事業者がなんらかの形で地元自治体との連

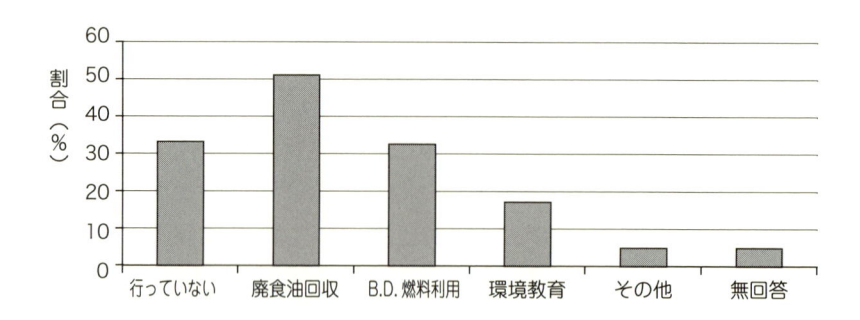

第2部　バイオマスの需給調整プロセス

図8-6　地元自治体との連携

携を行ってる。連携の内容では廃食油の回収での連携が5割と高く，つぎにB.D.燃料の利用が3割となっており，原料調達過程と製品販売・利用過程の両側面において地元自治体の役割は大きいといえる。

第5節　おわりに

　以上で，我が国におけるB.D.燃料事業を対象として原料調達過程と製品販売・利用過程の特質，そして需給調整に際してこの二つの過程がどのような関係にあるのかを検討してきた。その結果，本章で明らかになったのは，以下の2点である。

　第1に日本におけるB.D.燃料事業の原料調達過程と製品販売・利用過程における自給的・非市場的性格の強さと市場領域の自給・非市場領域への依存である。このことは原料調達過程においては無償や交換による調達の割合が高く，製品販売・利用においては自社利用の割合が高い点から示されている。さらに，原料調達と製品利用において地元自治体の位置が大きいこともこのことを示している（収集過程の支援，製品利用での支援）。

　第2に，廃食油とB.D.燃料の各市場における需給の不均衡は，廃食油段階とB.D.燃料段階の二段階で調整されており，矛盾は廃食油段階に転嫁されている。そして，需給の調整に際しても自給的・非市場的な領域（自社利用，

第8章　バイオマス需給における原料調達過程と製品販売・利用過程間の調整

地元自治体の利用）がバッファーとして重要な機能を果たしていた。さらに，具体的な調整手法においては地域における関連事業者の集積が条件となっていた。

　このように我が国におけるB.D.燃料事業は市場領域のみで成立しているのではなく，自給的・非市場的な領域に依存している。これは，我が国では発展途上の市場であるB.D.燃料市場においては，自給領域と公共領域が市場領域と連携および相互依存構造を構築しており，不足する市場の機能を補っていることを意味していると考えられるのである。

　このもとで，原料調達過程と製品販売・利用過程の間の調整は，自社利用や地方自治体に依存した非市場的・自給的な領域での調整と業者間取引という市場領域での調整の2つの側面で行われているのである。

注
（1）アンケートは，2014年2月に実施した。実施者は，弘前大学農学生命科学部，東北農業研究センター，東北環境パートナーシップオフィス，いわてバイオディーゼル燃料ネットワークの4団体である。送付対象は，①北海道「道内BDF製造事業者（平成23年12月現在の把握）」（北海道　http://www.pref.hokkaido.lg.jp/ks/jss/recycle_2/bdfproduct.pdf（2014年8月2日アクセス）），②NEDO『バイオマスエネルギー導入ガイドブック（第3版）』（2010年）（NEDO　http://www.nedo.go.jp/content/100079692.pdf（2014年8月2日アクセス））の名簿，③岩手バイオディーゼルネットワークが把握している事業者，④インターネットで事業を行っていることが確認された事業者から合計447事業者に送付し，返送が8通，回答は172通，うち有効回答が162通であり，有効回答率は36.9％であった。

　　　アンケート結果の位置づけをみると，アンケート回答事業所数の162は，（注3）の日本有機資源協会の資料によると農水省の全国の製造事業者数の推計値306のおよそ半分を占めており，アンケート回答者の年間生産量である5,956klは，同上のB.D.燃料生産量の推計値2万422klのおよそ4分の1強を占めている。小規模な事業所に偏りがあると考えられるが，ある程度，一般性を持つデータと考えられる。

（2）アジアバイオマスオフィス　http://www.asiabiomass.jp/topics/1310_02.html（2014年8月2日アクセス）。

（3）『平成25年度地域バイオディーゼル流通システム技術実証事業「間接補助事業

第 2 部　バイオマスの需給調整プロセス

　　　者　事業報告会」(資料集)』日本有機資源協会，2014年 3 月27日，p. 4 による。
（4）全国バイオディーゼル燃料利用推進協議会　http://www.jora.jp/biodz/pdf/
　　jittaityousa.pdf（2014年 8 月 2 日アクセス）。2011年度実績。
（5）全国油脂事業協同組合連合会ホームページ　http://www.zenyuren.or.jp/
　　genjo.pdf（2014年 8 月 2 日アクセス）。2013年の数値。

第 3 部

バイオマス利活用と原料調達過程

第9章

農産バイオマスエネルギー事業における原料調達方式と地域原料バイオマス市場
――青森県におけるもみ殻固形燃料化事業を対象として――

第1節 本章の課題

　本章では，原料調達過程を対象とした検討を行うが，新規のバイオマス事業を開始することは，地域の原料バイオマス市場においては新規参入者があらわれたことを意味する。そのため，既存の原料バイオマス利用システムとの競合が発生する危険性があり，それらとの調整・適合のプロセスが必要となる。そして，その結果として新しい地域的な需給関係が形成されることになる。問題は，地域の原料バイオマスの需給構造と新規のバイオマス事業の原料調達方式との相互関係がいかなるものかである。
　このような点を踏まえて本章では，もみ殻の固形燃料化事業を対象として，第1に，もみ殻の地域需給構造と，もみ殻固形燃料化事業の原料調達方式の相互関係と調整・適合の実態およびその性格について解明し，第2に原料調達面での事業推進上の課題を明らかにしたい。
　もみ殻固形燃料化事業を対象としたのは，バイオマスのエネルギー利用が推進される中で，生産過程が技術的にもほぼ確立しており，後述するように経済性の面でも比較的有利な条件を有しているからである。
　対象地域は米生産が行われ，かつ，もみ殻固形燃料事業を行っている事業者が存在する青森県の稲作地帯である。事例としては，もみ殻固形燃料化事業を行っている青森県日本海側に立地するS社をとりあげる。
　ここで対象とするもみ殻の利用に関する既存研究をみると，その数はきわ

137

第3部　バイオマス利活用と原料調達過程

めて少なく，榊田・和泉（2014）と富岡（1998）がみられる程度である。榊田・和泉（2014）ではもみ殻ボイラーの取り組み事例の紹介を行っている。また，富岡（1998）では，滋賀県の農協のライスセンターを対象とした地域需給構造の分析が行われている。本章は富岡の視点を引き継ぎながらも，新規事業が導入される場合に地域の需給構造とどのような相互関係が存在し，既存需要とどのような調整が行われるのかを検討したい。

　以下では，第2節で対象地域である青森県におけるもみ殻の地域需給構造の特徴をアンケート調査と事業所調査結果から明らかにする。第3節では，S社によるもみ殻固形燃料化事業と原料調達方式の実態について検討を行い，第4節でもみ殻の地域需給構造とS社のもみ殻調達方式の相互関係と調整過程の性格および事業推進上の課題を整理したい。

第2節　もみ殻の地域需給構造——青森県を対象として——

1．もみ殻利用の概要

　まず，もみ殻の発生と利用についてみていきたい。

　もみ殻はコメの乾燥・調製を行う過程でのもみすり作業で発生するイネ副産物である。その発生は，農協等の共同乾燥施設から発生するものと，個人の農家や農家グループが保有する乾燥施設から発生するものに分けられる。前者は施設から大量に集中して発生するため，比較的利用しやすいのに対して，後者は少量分散的に発生するため，利用しにくいという特徴がある。

　全国的には，NEDOの推計では208万tのもみ殻が1年間に発生し，用途では堆肥原料（22％，45万t）と畜舎敷料（21％，43万t）として利用される割合が高い。その他の用途では暗渠資材8％（16万t），マルチ5％（11万t），くん炭4％（9万t），床土代替4％（8万t），燃料1％（2万t）となっているが，全体の14％（29万t）が焼却され，22％（45万t）が用途不明となっている（榊田・和泉（2014）による）。

　つぎに，**表9-1**から青森県での発生と利用状況をみると，もみ殻の年間発

第9章　農産バイオマスエネルギー事業における原料調達方式と地域原料バイオマス市場

表9-1　青森県におけるもみ殻の発生量と用途別の利用割合（2007年）

用途	利用割合（%）	
	総量	共同乾燥施設
発生総量（t）	65,802 t	19,047 t
堆肥	55.4	50.7
床土代替資材	0.7	0.3
マルチ	0.9	0.0
暗渠資材	3.4	4.0
畜舎敷料	32.8	35.2
加工	0.0	0.0
燃料	0.0	0.0
くん炭	5.8	9.2
廃棄	0.7	0.5
その他	0.3	0.2

（資料）青森県資料。

　生総量は6万5,802tであり，このうち1万9,047tが「共同乾燥施設」から発生している。発生量からみると，「共同乾燥施設」から発生する割合は29％にすぎず，大部分は「共同乾燥施設」外（個人の農家や農家グループが保有する施設と考えられる）から発生しているといえる。

　つぎに用途をみると，「総量」と「共同乾燥施設」の違いはみられず，最も割合が高いのは「堆肥」で全体の5割程度，つぎに「畜舎敷料」で3割程度となっている。「くん炭」は共同乾燥施設で多少割合が高く，「廃棄」は「総量」で若干高くなっている。

　「廃棄」の割合はきわめて低いが，数量では年間460tと少なくない量が存在し，このうち「共同乾燥施設」の占める数量は95tにすぎず，8割は「共同乾燥施設」外で発生している。

　以上のように，第1に発生量では大規模な共同乾燥施設からの割合は3分の1程度である。第2にその利用は，「堆肥」利用や「畜舎敷料」利用の割合が高くなっている。しかし，第3に，比率では1％に満たないが「廃棄」される部分が存在しているのである。

2．ライスセンターでのもみ殻の利用構造―アンケート調査結果の分析―

つぎに、青森県内の「ライスセンター」に対して実施したアンケート調査結果から、より具体的なもみ殻の地域需給構造についてみていきたい[1]。なお、ここでの「ライスセンター」には、共同乾燥施設の他に、もみすり作業を行う精米業者等も含まれているため、表9-1での「共同乾燥施設」とは一致しないが、比較的大きな施設であるという点では共通している[2]。

表9-2と図9-1から用途と利用先、月別利用数量との関係をみていきたい。まず、前掲表9-1の結果と同様に用途では「堆肥化」と「家畜敷料」を行っている事業所がもっとも多くなっている。そして、利用先との関係では、「家畜敷料」では「他に無償提供」が4分の3となっており、「利用農家持ち帰り」とあわせると全てを占めている。この2つの利用先の月別利用数量を図9-1からみると、10月に需要の鋭いピークを形成している。また、図示してはいないが、「他に無償提供」の場合には、輸送は全て引き取り手が行っている（これを「ユーザー無償搬出方式」と以下ではよぶ）。このことから、「他に無償提供」では家畜敷料として畜産農家が利用しており、その搬出は10月に畜産農家自体が行っていることがわかる。

これに対して「堆肥化」では「自社利用」が5分の4と多くなっている。また、その需要は9～12月と4，5月に分散しており（図9-1）、家畜敷料での利用よりも需要は年間を通して平準化している。このことから、堆肥利用

表9-2　もみ殻の用途と利用先（複数回答，事業所数）

用途＼利用先	利用農家持帰	他に無償提供	他に販売	自社利用	合計
堆肥化	0	0	1	4	5
家畜敷料	1	3	0	0	4
燻炭	0	1	0	1	2
不明	0	1	1	0	2
合　計	2	5	2	5	9

（資料）青森県のライスセンターに対するアンケート調査結果。

第9章　農産バイオマスエネルギー事業における原料調達方式と地域原料バイオマス市場

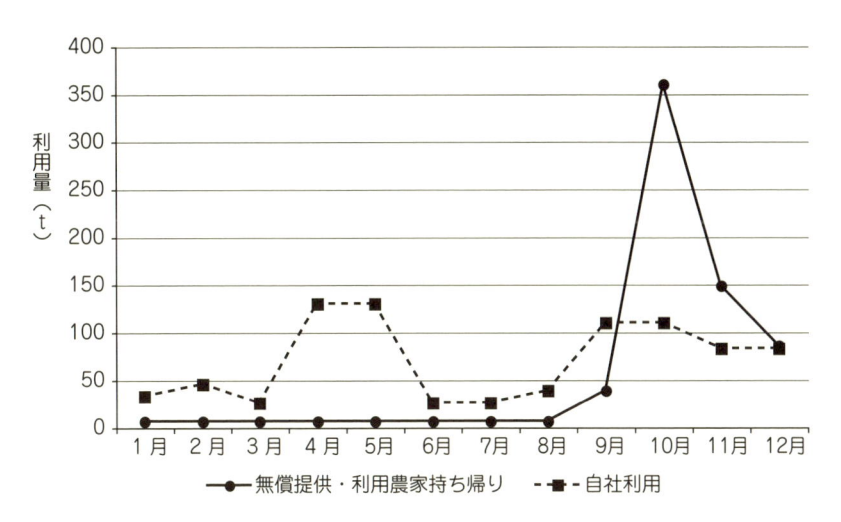

図9-1　もみ殻の月別利用数量（青森県）
（資料）青森県のライスセンターに対するアンケート調査結果。

の場合には，自社で堆肥化し，堆肥の需要が発生する時期に利用を行っていることがわかる。

3．もみ殻需給の実態―M社とN牧場の家畜敷料利用の事例―

つぎに，地域的な需給構造をより具体的にみるために，青森県のM社とN牧場の事例から，もみ殻の取引関係の実態についてみていきたい（調査はいずれも2011年に行った）。

まず，もみ殻の供給サイドであるM社は青森県日本海側の稲作地帯に立地しており，精米ともみすり業務を行っている。もみ殻は年間70 t 発生し，9月下旬から10月上旬に年間の9割が発生している。また，M社のもみ殻倉庫には周辺の10カ所程度の乾燥施設のもみ殻も持ち込まれ，年間100 t 程度の集積量となる。

M社から発生するもみ殻は，N牧場が全量利用しているが，N牧場が利用する以前は，近隣のりんご農家に堆肥用として提供する他，逆有償で処分業

第3部　バイオマス利活用と原料調達過程

者に処理を委託していた。

　もみ殻のユーザーであるN牧場は，県太平洋側の畜産地帯に立地している。肉牛9,000頭の飼育（うちホルスタインの去勢牛が6,500頭，F1が1,500頭，和牛が100頭，その他900頭）である。N牧場は10数年前から家畜敷料としてもみ殻を使用している。なお，敷料としてはおが粉も利用している。

　M社のもみ殻はN牧場が全量を無償で引き取る契約になっており，この契約は，M社にとっては確実にもみ殻を処理できることを意味し，N牧場にとっては確実にもみ殻を確保できることを意味している。

　もみ殻の搬出は9月下旬から10月上旬の発生時期に，10tトラックで毎日，1日2～3回行われ，1カ月の間にほぼ全量がN牧場のトラックによって搬出される。

　このように，もみ殻の地域需給構造を家畜敷料に限定して事例に則してみると，そのリサイクル・チャネルは青森県日本海側の稲作地帯から太平洋側の畜産地帯へと広域化している。また，短期間に全量をユーザーである畜産農家が搬出する利用形態が主流であり，ユーザー側はもみ殻を輸送・保管する機能を持つ必要がある。

第3節　もみ殻固形燃料化事業の実態
―S社の事例―

　つぎに，以上のような青森県のもみ殻の地域的需給構造の下で，もみ殻固形燃料化事業を開始したS社の原料調達方式についてその実態をみていきたい。

1．もみ殻固形燃料の概要

　まず，もみ殻固形燃料の概要についてみていきたい。もみ殻固形燃料は，広島県のT社が開発したもみ殻固形燃料製造機を用いて製造を行う（T社の調査は2013年に行った）。この機械は，T社が2008年から販売を行っており，

第9章　農産バイオマスエネルギー事業における原料調達方式と地域原料バイオマス市場

もみ殻をすりつぶし，300度で加熱しながら10分の1の容量に圧縮し，固形燃料化するものである。これによって輸送が容易になり，薪の代替燃料としての利用や非常用燃料として利用が可能になる。全国でおよそ50社が導入しているという。

もみ殻固形燃料の熱量は，灯油1ℓにもみ殻固形燃料2kgが対応し，1kg当たりの生産コストは25～30円（減価償却含む）である。熱量と価格の関係だけをみた場合，灯油価格が50～60円を越えると代替可能となる。

2．S社の事業概要

つぎに事例としたS社についてみていきたい（S社の調査は2013年に行った）。S社は青森県の日本海側の稲作地帯に立地する土木業を主とする民間企業である。1979年に創業し，社員数はおよそ20人の小規模な事業所である。

S社では環境関連の事業として，当初はもみ殻くん炭の製造や段ボールコンポスト容器などの生産を行っていたが，2010年9月にもみ殻固形燃料製造機を導入し，生産を開始した。2011年7月には2台目の機械を導入し，生産の拡大をはかっている。製造機1台につき製造過程で1人，梱包過程（ホームセンター向けの出荷の場合）で1人が従事している。

2012年の年間製造量は140tであり，販売先は，個人ユーザー50人程度とホームセンターおよそ50店舗（県内，東北一円）である。販売単価は，1kg当たり40円に設定している。

3．S社の原料調達方式

つぎに，S社の原料調達方式についてみていきたい。

S社の場合，もみ殻は，大型の乾燥施設からではなく，個人の農家が保有する乾燥施設30～40施設から調達している。もみ殻は農家からの無償での引き取りであり，農家はS社のもみ殻倉庫（2,000m³の保管が可能で，長さは50mにもおよぶ）に軽トラック等で各自が搬入する。搬入は収穫・乾燥調製作業が行われる秋の1週間から10日間のうちに行われ，S社の年間必要量

200 t がこの期間に全て集められる。なお，雨にぬれたもみ殻は原料として利用できないため，受入れ時に社員 1 人がチェックし，受け入れを行わないようにしている。

このように S 社は，もみ殻が大量に集中して発生する大型乾燥施設からではなく，個人の農家が保有する小規模な乾燥施設から発生したもみ殻を利用している。その調達方式は，農家が無償で直接持ち込む方式（これを「農家無償持ち込み方式」と以下ではよぶ）を採用し，年間に必要なもみ殻を確保しているのである。このような「農家無償持ち込み方式」を採用した理由として，S 社では以下の点をあげている。

第 1 に，S 社の立地する地域では現在でも，もみ殻の焼却による煙害が問題となっている。特に個人の農家が保有する乾燥施設から発生したもみ殻の焼却が問題となっており，農家もその対策が求められていたこと。

第 2 に，大型の乾燥施設から発生するもみ殻はすでに用途が決まっており，ここからの調達は困難であると考えたこと。

第 3 に，大型の乾燥施設から発生したもみ殻をその施設以外のユーザーが利用する場合には，アンケート調査や事例調査でもみたように，「ユーザー無償搬出方式」が一般的であり，その場合には引き取りに行く輸送費と人件費が必要となるが，S 社ではこのコストの捻出が固形燃料化事業からは困難だと判断したことをあげている。

第 4 節　おわりに

以上で青森県のもみ殻を対象として，もみ殻の地域需給構造と固形燃料化事業の実態について検討してきた。

まず，もみ殻の地域需給構造と固形燃料化事業の原料調達方式の間には密接な相互関係があり，現状の地域需給構造に大きな影響を与えない部分をターゲットに固形燃料化事業では原料調達を行っていることが明らかになった。

第9章　農産バイオマスエネルギー事業における原料調達方式と地域原料バイオマス市場

　また，バイオマスの新規事業の立ち上げの場合には，既存の原料バイオマス市場への新規参入という形になり，既存の利用システムとの調整が課題になる。S社の場合には，原料調達における既存需要との調整と適合は，個人の農家の小規模な乾燥施設から発生するもみ殻を「農家無償持ち込み方式」で集荷することによって行われていた。この原料調達方式は，既存の需要との「棲み分け」によるものと性格づけられる。

　最後に原料調達段階におけるもみ殻固形燃料化事業推進の課題としては，以下の点があげられる。

　この方式において生産拡大を図るために原料の集荷量を増やそうとした場合，一定のエリア内のもみ殻資源の賦存量には制約があるため，集荷範囲の広域化が必要となる。また，集荷量の増加は，より小規模な乾燥施設からの集荷を必要とすることとなる。このような原料調達を行おうとした場合，現在の「農家無償持ち込み方式」の場合には，集荷範囲の広域化によって集荷拠点までの農家の輸送コストが増加することとなる。農家の負担するコストの増加を防ぐためには，集荷拠点の分散化が必要となるが，その場合にはS社の集荷拠点から生産拠点までの輸送コストの増加が発生することとなる。このように原料調達の広域化が進めば，農家かS社のどちらかの輸送コストが増加することになる。

　そのため，輸送コストの増加問題を避けるためには，集荷拠点だけではなく，生産拠点の分散化とそこからの製品の実需者への輸送体制の構築が必要となるだろう。その際に，現行のもみ殻固形燃料製造機では，生産量を増やすに際しては同一能力の機械の台数を並列的に増やさざるを得ないため，生産拠点の分散化が生産コストの大幅な上昇を引き起こすことは少ないと考えられる。

　なお，今後の研究の課題としては，出口の問題を地域の資材市場との関係で分析する必要がある。もみ殻固形燃料の場合には，薪の代替として薪ストーブで利用される場合が積雪寒冷地では多いため，地域の薪市場の構造の解明と，その市場と相互関係の解明が必要となるだろう。

第3部　バイオマス利活用と原料調達過程

注
（1）このアンケートはNTTの電話番号簿から青森県内の「ライスセンター」を抽出し，2012年に郵送によって実施した。送付先は全施設20件であり，回答数は9件，回答率は45％であった。
（2）アンケートでは精米業務も行っている事業所が9事業所のうち6事業所を占めている。

第10章

未利用バイオマスにおける処理・利用方式の特質
―青森県の稲わらを対象として―

第1節 本章の課題

　農村における環境問題への対応や資源の有効利用のためには，稲わらなどの未利用バイオマスの活用が重要となっている。特に稲わらの飼料利用は，従来までは国産飼料確保の視点から重視されてきたが，米価の低下と稲作農業の直接所得補償制度が変更される中で，飼料米生産との組み合わせで稲作農家の所得確保の視点からも重要になってきている。

　さらに，稲わらの利用は後述するように水田へのすき込みが主体となっているが，野菜作でのマルチ利用や稲わら工品原料での利用等，飼料用以外でも一定の需要が存在する。このように，稲わらは飼料利用以外でも様々な利用方法や処理方法が存在するため，飼料利用の拡大を行おうとした場合，これら他の用途や処理方法との関係が問題になる。そのため，第1に供給サイドである農家段階でどのような処理・利用方式が採用されているのか，第2に処理・利用方式の地域性や，それが経営の規模や稲の収穫方式，圃場条件とどのような関係にあるのか，どのような特徴がみられるのか，を検討することが不可欠である。

　そこで本章では，農家における稲わらの処理・利用方式の特質と課題について，農家アンケート調査結果から検討する。

　対象としたのは，その利用に制約が強い日本海側の稲作地帯であり，具体的には青森県の日本海側稲作地帯を対象とする。

　青森県では，稲わらの焼却防止のために県をあげて対策を行ってきた結果，

第3部　バイオマス利活用と原料調達過程

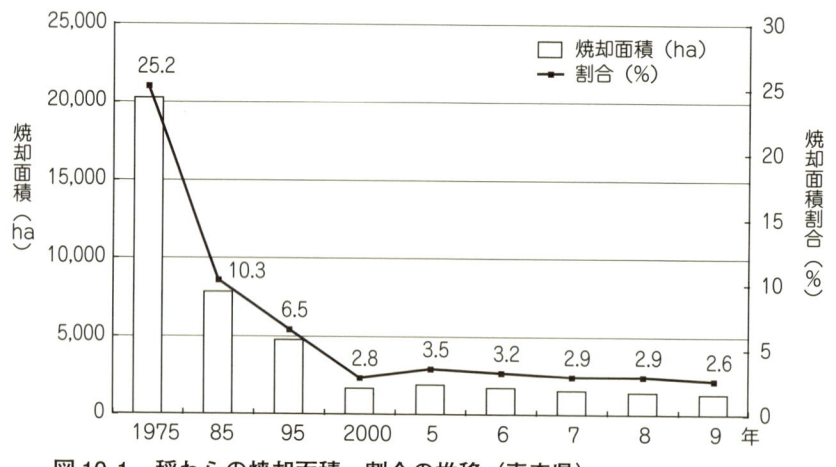

図10-1　稲わらの焼却面積・割合の推移（青森県）
（資料）青森県資料。

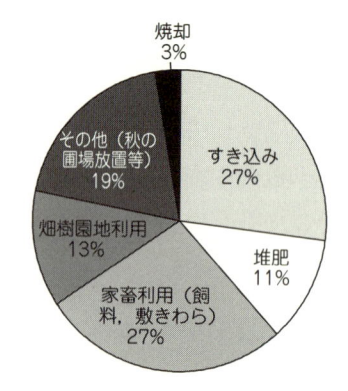

図10-2　青森県における稲わら利用の割合（面積，2007年）
（資料）青森県資料。

かつては稲面積の4分の1を占めていた焼却が近年では3％程度まで低下している（図10-1）。しかし，焼却面積では1,500～2,000ha程度で推移しており，少なくない面積で稲わらの焼却が行われているのが現状である。青森県ではわら焼きゼロを目標に，飼料化の推進も近年では取り組んでおり，3割程度まで飼料利用が進んでいる（図10-2）。

148

第10章　未利用バイオマスにおける処理・利用方式の特質

第2節　青森県における稲わら利用の現状

　まず，青森県における稲わら利用の現状についてみていきたい。青森県における稲わらの利用形態は全国平均と大きく異なっている。2006年産の用途について**表10-1**に示したが，水田への鋤込みは全体の3割と全国の半分の水準であり，堆肥化，粗飼料利用，畜舎敷料での利用はおよそ全国の1.5倍の水準になっている。また，マルチでの利用は全国の3倍の水準である。このように，青森県の稲わら利用は多様な形態で行われており，さまざまな形で資源として活用されているのである。

　つぎに，青森県における稲わら利用の変化をみると，かつては圃場での焼却が多かったが，煙害などの影響や地域資源の有効利用のためにさまざまな対策がとられてきた結果，**表10-2**に示したように，70年代以降は焼却面積が大きく減少している。また，水田への鋤込みは90年代に入ってから県の対策の影響もあって増加している。

表10-1　青森県と全国の稲わらの用途別割合（2006年産，重量比）

（単位：%）

	すき込み	堆肥	マルチ	粗飼料	畜舎敷料	加工	焼却	その他
全国	65.8	7.8	3.6	9.4	4.5	0.8	2.7	5.4
東北	67.7	6.4	3.0	10.1	7.1	1.1	1.1	3.5
青森県	26.5	12.8	11.1	15.4	9.3	3.2	3.5	18.2

（資料）農林水産省資料。

表10-2　青森県における稲わらの用途別利用面積の推移

（単位：ha）

年度	水稲面積	焼却	生わら鋤込み	堆肥	家畜利用	家畜敷わら	畑地（樹地）敷わら	その他（加工含む）
1975	80,295	20,238	13,558	19,141	14,841	(14,841)	5,016	7,501
85	75,600	7,799	11,872	14,349	24,529	(8,653)	10,990	6,061
95	73,010	4,753	16,807	16,538	22,053	…	9,705	3,154
2000	57,696	1,641	16,203	11,426	17,103	…	8,436	2,887

（資料）青森県資料。

第3部 バイオマス利活用と原料調達過程

表10-3 青森県における稲わらの地帯別用途面積割合（2000年）

(単位：%)

地帯	地方	水稲面積(ha)	焼却	鋤き込み	堆肥	家畜利用	樹園地敷きわら	その他(加工含む)
米地帯	北	10,731	9.7	30.3	20.8	9.8	17.1	12.3
	西	10,203	4.8	33.6	18.4	16.5	21.6	5.0
果樹地帯	中南	12,189	0.7	31.5	30.0	2.8	31.5	6.5
畜産地帯	下北	710	0	5.2	56.3	38.5	0	0
畜産・野菜地帯	上北	13,810	0	20.2	9.9	68.1	0.3	1.5
	三戸	5,250	0	22.0	11.8	63.2	2.5	0.5

(資料) 青森県資料。

青森県における稲わらの利用は，農業生産の地域性を反映して地域的な差異が大きい。表10-3から地帯別の利用形態をみると（青森県の農業地帯区分については第3章第2節を参照），米地帯では焼却や鋤込みの割合が高くなっているのに対して，果樹地帯では樹園地での敷きわら利用の割合が高くなっている。また，畜産・野菜地帯では家畜利用の割合が高く，畜産地帯では堆肥での利用割合が高くなっており，それぞれの地域の農業構造にあわせて有効に活用されている。そして，多様な形態で行われている青森県の稲わら利用の各形態は，それぞれ特定の地帯に集中している傾向がある。

特に，稲わらの発生面積が多い日本海側の米地帯や果樹地帯では，家畜飼養頭数が少ないという需要面での制約から稲わらの畜産利用が制限されている。そのため，県の対策によって，その利用の促進がはかられている。水田への鋤込みもその一つの方向であるが，近年では飼料用としての利用が推進されている。

具体的に「国産粗飼料増産緊急対策事業」における稲わらの需給地域を表10-4からみると，日本海側の米地帯からは県太平洋側の畜産地帯や畜産・野菜地帯へ供給される他，秋田県や岩手県にも供給が行われている。また，畜産・野菜地帯においても岩手県へ供給が行われている。

このように，稲わらの利用は米地帯においては畜産での需要の制約から鋤込みが主体であるが，有効利用に取り組む場合には需要を求めてより広域的なリサイクル経路を形成しているのである。さらに，畜産での需要が一定程

第10章　未利用バイオマスにおける処理・利用方式の特質

表10-4　青森県における稲わら需給の地域間関係（2003年）

供給農協地域		供給農協所在地帯	供給量(t)	需要先地域			
				県日本海	県太平洋側	秋田県	岩手県
日本海側	A	米地帯	250	−	○	−	−
	B	米地帯	178	○	○	−	−
	C	米地帯	444	○	○	○	−
	D	米地帯	1,054	○	○	○	○
	E	米地帯	571	○	○	○	○
	F	米地帯	28	−	○	−	−
太平洋側	G	畜産・野菜地帯	993	−	○	−	○
	H	畜産・野菜地帯	1,485	−	○	−	○
	I	畜産・野菜地帯	310	−	○	−	−
	J	畜産・野菜地帯	445	−	○	○	○

（資料）青森県資料による。

度存在する畜産・野菜地帯においても県外へと供給が広域化しているのが実態である。

第3節　調査方法

　では，農家アンケート結果の分析に入りたい。アンケート調査は2010年12月に積雪寒冷地・青森県の日本海側に位置する稲作地帯である弘前市とつがる市稲垣地区で行った。つがる市稲垣地区では，アンケート票を地区内の全稲作農家（農協水稲部会の全会員）541戸に対して配布し，回答数は95戸，回答率は17.6％であった。

　弘前市では，アンケート票を，市内の約1万戸の農家のうち，2,996戸に配布し，回答数は321戸，回答率は10.7％であった。弘前市では回答者の内，稲の作付を行っている210戸のデータを用いて分析を行う。

　弘前市がりんご作を主体とした稲果樹複合地帯として位置づけられるのに対して，つがる市稲垣地区は比較的大規模な稲作経営が存在する稲単作地帯として位置づけられる。

第3部 バイオマス利活用と原料調達過程

第4節 結果と考察

1．稲単作地帯・つがる市稲垣地区

まず，稲単作地帯であるつがる市稲垣地区についてみていきたい。つがる市稲垣地区では（**表10-5**），すき込み実施農家の割合が71％と最も高く，つぎに販売・提供実施農家が68％で続いており，焼却が最も少なくなっているが，なんらかの形で焼却を行った農家が27％と4分の1を占めている。

表には示していないが，無償提供および販売経験がある農家の主な販売・提供先は，畜産農家が78％で最も多くなっている。

すき込みでは，水稲作付面積が増加するにつれてその割合も高くなる傾向にあり，経営規模との相関がみられる。焼却は，5.0ha未満層での焼却実施割合が高くなっており，小規模な農家では3戸に1戸の割合で焼却が行われていることになる。自由記述から焼却は，土質や地理的・人的要因によるところが大きい。特に粗飼料・畑マルチ利用のように利用者と収集主体が異なる場合には，有効利用される予定があったにも関わらず，結果的に焼却されるといったケースがみられる。

他の農家に無償・有償で提供したことがある割合は1.0ha未満を除く全階層で7割程度と高くなっているが，1.0ha未満層で3割程度と半分程度の割合になっている。小規模経営からの収集は，機械利用の関係等で難しい状況

表10-5　稲単作地帯における水稲作付規模別の稲わらの処理・利用方式

（単位：％）

水稲作付面積（ha）	1.0未満	1.0～3.0	3.0～5.0	5.0～10.0	10.0以上	合計	無回答
回答戸数（戸）	17	32	19	18	8	94	1
すき込み実施（％）	64.7	68.8	68.4	77.8	87.5	71.3	1
焼却実施（％）	29.4	28.1	36.8	16.7	12.5	26.6	5
販売・提供実施（％）	35.3	71.9	78.9	66.7	100	68.1	1

（資料）つがる市稲垣地区農家アンケート結果（2010年12月実施）。
（注）規模が不明の1戸を除く94戸の集計結果。無回答は外数。

第 10 章　未利用バイオマスにおける処理・利用方式の特質

表 10-6　稲わらの焼却状況

(単位：%)

水稲作付面積規模	不明	しなかった	半分より少ない	半分より多い	全面積	総計	焼却農家割合	焼却農家数
1ha未満	0.0	70.6	11.8	11.8	5.9	100.0	29.4	5
1～3ha	6.3	65.6	15.6	9.4	3.1	100.0	28.1	9
3～5ha	10.5	52.6	10.5	15.8	10.5	100.0	36.8	7
5～10ha	5.6	77.8	11.1	5.6	0.0	100.0	16.7	3
10ha以上	12.5	75.0	0.0	12.5	0.0	100.0	12.5	1
総計	6.4	67.0	11.7	10.6	4.3	100.0	26.6	25

（資料）つがる市稲垣地区農家アンケート結果（2010年12月実施）。

表10-7　稲わらのすき込み状況

(単位：%)

水稲作付面積規模	無回答	全面積	半分より多く	半分より少なく	行わなかった	総計	行った農家割合	行った農家数
1ha未満	0.0	52.9	5.9	5.9	35.3	100.0	64.7	11
1～3ha	0.0	46.9	6.3	15.6	31.3	100.0	68.8	22
3～5ha	0.0	31.6	5.3	31.6	31.6	100.0	68.4	13
5～10ha	5.6	38.9	22.2	16.7	16.7	100.0	77.8	14
10ha以上	0.0	37.5	37.5	12.5	12.5	100.0	87.5	7
総計	1.1	42.6	11.7	17.0	27.7	100.0	71.3	67

（資料）つがる市稲垣地区農家アンケート結果（2010年12月実施）。

にあると考えられる。

　表10-6から焼却状況をみると，全体では焼却農家は26％で，「半分より少ない」農家が11％，「半分より多い」農家が10％で同程度であり，「全面積」焼却農家は4.3％にすぎない。このように，大部分の焼却農家は一部の圃場においてのみ焼却を行っていることがわかる。このことは，同一農家においても圃場条件に規定されて一部の圃場で焼却せざるを得ない状況になっていることを示している。

　これを水稲作付面積規模別にみると，各階層の農家数が少ないために明確にはいえないが，「半分より少ない」農家の割合が1～3haで15％と高いのに対して，「半分より多い」農家と「全面積」焼却農家の割合は3～5haで

153

第3部 バイオマス利活用と原料調達過程

高くなっており，中間階層でより多くの面積で焼却をせざるを得ない状況になっている。

また，**表10-7**からすき込みの状況をみると，全体では「全面積」行った農家が42％で最も多く，ついで「行わなかった」が27％，「半分より少なく」行ったが17％，「半分より多く」行ったが11％と続いている。

これを水稲作付面積規模別にみると，規模が大きくなるに従って「半分より多く」鋤込んだ農家の割合が高くなり，「全面積」行った農家の割合が低くなる傾向がある。

以上のように，焼却もすき込みも水稲作付面積規模に相関があると考えられる。

2．稲果樹複合地帯・弘前市

つぎに，稲果樹複合地帯である弘前市の稲わら利用状況について**表10-8**からみていくと，統計で最も割合が高いのが「すき込み」の50％であり，つぎに「堆肥化」30％，「焼却」26％と続く。つがる市と比較すると，焼却割合はほぼ同じ水準であるが，弘前市ではすき込みの割合が低くなっている。

表には示していないが稲わらの販売は1戸のみで行われている。無償提供は16％で行われており，相手先は，市民18％，畜産経営15％，野菜経営32％，果樹経営21％である。つがる市と比較すると，無償提供では野菜・果樹経営

表10-8　稲果樹複合地帯における稲わらの処理・利用方式

(単位：％)

		無回答	販売	無償提供	すき込み	堆肥化	マルチ利用	焼却	その他	総計(戸)
水稲作付面積	1ha未満	2.5	0.0	17.1	44.9	34.2	8.9	27.8	1.3	158
	1ha以上	2.0	2.0	11.8	66.7	17.6	11.8	21.6	2.0	51
稲収穫委託	委託なし	3.1	0.6	14.9	50.3	31.7	9.9	22.4	0.0	161
	委託あり	0.0	0.0	18.4	51.0	24.5	8.2	38.8	6.1	49
総計		2.4	0.5	15.7	50.5	30.0	9.5	26.2	1.4	210

（資料）弘前市農家アンケート調査結果（2010年12月実施）。
（注）水稲作付面積不明の1戸を除く。

第10章　未利用バイオマスにおける処理・利用方式の特質

での利用割合が高くなっている。

　同表から処理・利用方式を水稲作付面積規模別と稲収穫の委託の有無別に見ると，水稲作付面積規模では，1ha未満の小規模層では「堆肥化」と「焼却」の割合が相対的に高くなっているのに対して，1ha以上（実際は1～2haが大半を占める）の小規模層では「すき込み」の割合が7割近くに達している。つがる市の結果とあわせても，すき込みは水稲作付面積と関係があると考えられる。

　また，稲作に関しては複数の生産者組織が作業の受託を行っているが，稲収穫の委託の有無別で見ると，「委託なし」では堆肥化の割合が高いのに対して，「委託あり」では「焼却」が4割近くに達している。

第5節　おわりに

　これまでの検討の結果，第1に稲わらのすき込みや焼却等の「処理・利用方式」と作付規模や作付構成，作業体系の間には一定の相関関係があることが示唆された。また，稲単作地帯（つがる市）と稲果樹複合地帯（弘前市）ではその方式に異なる点がみられた。

　第2に，わら焼きが多い段階では稲わら利用の向上を図るために有効であった農業生産者の意識に訴える「啓蒙的手法」や，積極的な対応を行っている生産者を対象とした「環境補助金」対策のみでは，近年では限界があり，稲わらのさらなる利用向上を図るためには，地帯別および経営タイプ別の対策が必要とされる段階にはいっているといえる。

　第3に，稲作農家の稲わらの処理・利用においては，1戸の農家が単一の処理・利用方式を採用しているのではなく，複数の用途での対応を行っていた。このことは未利用バイオマスの収集においては，圃場等の条件の違いにより複数の収集コストが存在することを示唆している。また，圃場条件や労働力保有状況等の制約のもとで，用途間での選択が行われていると考えられる。より実態に即していえば，飼料利用が優先される中で，収集面積は天候

や圃場条件，収集機械の能力によって制約されるため，すき込みと焼却がバッファーとして機能していると考えられるのである。このことからも稲わらの飼料利用を推進するためには，その他の用途も含めた農家段階での処理・利用方式の特質をより詳細に検討することが必要であるといえる。

終章

要約と今後の課題

　本書は，廃棄物系バイオマスおよび未利用バイオマスの静脈流通過程を対象とし，その流通構造と価格形成，需給調整の諸問題について実証的に検討するために，北海道と東北の（積雪）寒冷地を対象とし，家畜ふん尿，りんごジュース製造副産物，廃食油・B.D.燃料，木質ペレット燃料，稲わら，もみ殻を対象として検討を行ってきた。
　終章では，本書の各章を要約し，今後の課題について検討していきたい。
　再生可能な生物系の資源であるバイオマスの利活用，特に廃棄物系バイオマスや未利用バイオマスの利活用は，廃棄物対策，地球温暖化対策，エネルギー対策，農業・農村対策という多面的な意義を有している。しかし，その利活用は大きく進んだとはいえないのが現状である。その中で，既存のバイオマス利活用に関する社会科学的な研究をみた場合，その分析は経済性や事業性の分析に偏っており，現実に発生している諸問題を考慮した場合，バイオマスの静脈流通過程の分析が不可欠である。
　このような課題に接近するために，序章では分析のための概念設定を行い，第1章ではバイオマス利用の意義と現状について整理を行った。
　そして第1部では，リサイクル経路についての検討を，家畜ふん尿とりんご粕を対象に行った。
　まず，第2章では，1990年代の家畜排せつ物法施行前の家畜ふん尿の販売対応の共同化とリサイクル経路の広域化について，愛知県と北海道の事例から検討を行った。愛知県の事例からは生産者組織が家畜ふん尿堆肥の生産を共同化し，生産された堆肥の販売を行っており，そこから家畜ふん尿販売における共同化の意義と課題を明らかにした。

157

つぎに，北海道の網走地域を対象とした分析では，農家アンケート結果から畑作農家における家畜ふん尿堆肥調達の広域化の実態を明らかにした。そして，この広域化の要因を，家畜ふん尿堆肥を広域的に供給している酪農経営の事例から分析し，季節的な遊休労働力や遊休輸送装備の利用効率を高めるために行われていることを明らかにした。

　第3章では，青森県を対象として，りんごジュース製造副産物におけるリサイクル・チャネルの特質とその要因について検討を行った。青森県のりんごジュース製造副産物は，2000年代に入ってからその流通範囲が広域化しており，近隣の酪農家から栃木県や北海道のTMRセンターへの供給に変化している。その背景には，輸入飼料価格高騰のもとでの国内の安価な飼料原料需要があった。そのような需要のもとで，加工メーカーは「帰り荷」輸送という比較的コストの低い輸送手段を利用して広域的な原料供給を行っていた。しかし，「帰り荷」輸送は不安定なため，供給の不安定性が大きくなっていた。また，リサイクル・チャネルの不安定性が明らかになった。この要因としてはバイオマスの供給変動や需要の変動があげられ，このリサイクル・チャネル自体の不安定性がバイオマス利用の障害になっていることが明らかになった。

　以上のように，第2章と第3章の検討から，バイオマスのリサイクル・チャネルの広域化がみられることが明らかになった。このような広域化は，具体的な分析は本書では行っていないが第10章で取り上げた青森県の稲わらでもみられる現象である（斎藤・泉谷（2014））。りんご粕と稲わらでは2000年以降に広域化が発生しているのに対して，北海道の家畜ふん尿では1990年代にはすでに広域化が進んでいることから，このリサイクル・チャネルの広域化は，地域や品目によってその範囲や時期に差異がみられることがわかった。

　第4章では，補論的な分析として，中国，台湾，韓国での事業所調査結果から，東アジアにおける果実ジュース製造副産物の利用について検討を行った。対象としたいずれの国でも，果実ジュース製造副産物は家畜の飼料として利用されているが，国によってその利用形態は異なっていた。

終章　要約と今後の課題

　つぎに，第2部では需給の不安定性を伴うバイオマスにおける需給不均衡を解消しようとする様々な取り組みを，青森県のりんごジュース製造副産物，東北の木質ペレット，北海道の米ぬか，廃食油とバイオディーゼル燃料事業を対象として行った。

　まず，第5章では，第3章でみたリサイクル経路の構造と供給変動を前提に，その需給を調整する仕組みとして，「需給調整プロセス」がリサイクル経路に関わる各主体によって行われており，それは3つのタイプに整理できることを示した（チャネル内，チャネル間，チャネル外の各対応）。しかし，その調整は各主体が個々ばらばらに行っているために，調整の結果，新たな課題が発生しており，地域における需給調整主体の形成が望まれる。

　第6章では，リサイクル経路の広域化と個々の事業者による需給調整プロセスの実施がもたらす具体的な問題として，地域におけるバイオマス需給の不整合問題を東北の木質ペレット燃料を対象とした分析を行った。そこでは，A県の木質ペレット製造事業者は，製品の一定割合を岩手県のユーザーに販売を行っていた。しかし，A県内では中国・四国地方でプレナ・モルダくずを原料に生産されたペレットが利用されており，A県内では外部からペレットが流入し，地域から押し出されたペレットが他県に流出するという需給の不整合が発生していた。この要因は，ペレット燃料の品質の違いとペレット燃料が原料の種類によって複数の価格を有することに求められた。このように，個々の経済主体がバイオマスの利用に自己のコントロールできる範囲で取り組んでおり，全体を調整する主体が欠落した中でこの問題が発生しているのである。

　このような需給の不整合を解消するためには，地域におけるバイオマス需給の調整主体の形成が求められる。そこで第7章では，地域的な需給の調整主体が存在する北海道の米ぬか市場を対象として，その存立条件について検討を行った。北海道の米ぬか市場では，複数の季節性を有した米ぬか需要が存在し，これらのユーザー間で原料調達競争が起きた場合，季節的に米ぬかの価格が高騰し，全体としての最適性が低下するという状況にあった。その

ため，通年的かつ大量の需要を有する米油メーカーが，少量で季節的な需要を形成する肥料やキノコ培地等のユーザーに対して米ぬかの配分を行っていた。その背景には，米油メーカーと農業団体との取引関係が存在していた。

第8章では，廃食油の調達と製品としてのバイオディーゼル燃料の販売・利用の2つの過程を対象として，2つの過程間で調整がどのように行われているのかを検討した。そこでは，製品であるB.D.燃料における需給不均衡の矛盾は，廃食油の調達過程にしわ寄せされており，廃食油の需給をいかに調整するかが，各事業者の課題となっていた。そして，第7章と同様に廃食油の大量需要者（飼料ユーザー）が需給調整弁となって，廃食油の需給不均衡を調整していることが明らかになった。また，非市場的な領域も調整において重要な位置を占めていた。

第3部では，バイオマスの原料調達過程を対象として，地域の原料バイオマス市場との関連を，もみ殻固形燃料化事業を対象として分析を行った。また，原料供給方式の特質について稲わらを対象として分析を行った。

第9章では，青森県のもみ殻を対象として，地域における原料バイオマスの需給構造と事業主体の原料調達方式の関係を検討した。その結果，地域におけるもみ殻のリサイクル経路の形成において，各事業主体は地域のバイオマス資源の需給構造を踏まえた上で，既存の需給と棲み分けをする対応を取っていることが明らかになった。バイオマス資源の利用促進のためには，地域におけるバイオマス資源の賦存量を把握するだけでは不十分であり，より具体的な需給構造の把握が必要であるといえる。

第10章では，バイオマスにおけるリサイクル経路の最初の出発点である，農家におけるバイオマスの供給構造を青森県の稲わらを事例として，農家アンケート結果から検討を行った。稲わらの農家における処理・利用方式は，農家の経営形態や規模，作業形態と関連がみられた。このことから，産地におけるバイオマス資源の利用を推進するためには，各地域の具体的な農業構造や農家の階層構成を踏まえた上での対策の検討が求められるといえる。

以上，本書ではバイオマスの静脈流通過程を対象として検討を行ってきた

が，今後のバイオマス利用の推進を図るため，あるいはバイオマス利活用方策の研究に際しても，流通過程の解明が重要であり，残された課題も多いといえる。

そこで今後の研究課題を整理すると，以下のような点があげられるだろう。

まず第1に，リサイクル・チャネルの広域化・国際化が進むもとで，このような広域化・国際化の地域的・品目的な差異の実態や要因の解明が必要である。また，地産地消がバイオマス利用には求められることから，地産地消型バイオマス利用システムの形成手法や条件の解明，また，広域化した品目の利用に際しての地域利活用システム形成との調整手法の検討も必要であろう。さらに，リサイクル・チャネルの国際比較も今後の残された課題である。

第2に，需給調整のパラメータをどのように考えるか，需給調整費用の関係主体間での負担をどのように行うかという課題もある。また，需給調整が実施される中で「転売問題」の検討も必要である。バイオマス原料の季節的・年次的な需要増加に伴う価格上昇が発生すると，バイオマス変換事業者が調達した原料バイオマスをバイオマス製品に変換するよりも転売した方が経済的なメリットが高い場合がみられるからである。

第3に，現実の事業においては，複数のバイオマスを利用しており，その間での調整が行われているのみならず，用途間での調整も前提とした利用が行われていた。このような事業の実態をふまえると，現在のバイオマスや食品廃棄物のリサイクル事業の分析が用途別（飼料化研究，堆肥化研究等）に行われていることは，その分析視角として限界を持っていると考えられる。

さらに，複数の品目を研究対象とした場合，商品特性の異なる品目を扱うため，これらの品目の位置づけをどのように行うのかも課題である。

第4に，静脈流通の分析をリサイクルの関連市場の分析に広げていくことが必要である。

新しく関連する市場としては，第1に廃棄物処理・リサイクルのための機器・施設の市場があげられる。これら機器・施設の供給主体は，造船業や鉄鋼業等の非農業部門の大企業である。これらの企業は，従来までの農業関連

産業とは性格が異なっており，農業分野にこれまでとは異なった影響を与える。

　第2に，有機性廃棄物の利用形態には，従来からみられる堆肥化や飼料化に加え，バイオディーゼル燃料やメタンガス原料利用のようなエネルギー利用や，生分解性プラスチック（グリーンプラスチック）の原料としての利用がある。そのため，原料としての有機性廃棄物の利用主体や販売先も，従来とは異なった経済主体（廃棄物処理業者，化学産業等）が参入しており，そこで新しい市場関係が形成されると考えられる。

参考・引用文献

阿部真也(1998)「社会経済環境の変化とマーケティング概念の拡張」『流通研究』1(1)。
阿部亮・今井明夫・吉田宣夫・山本英雄編(2002)『未利用有機物資源の飼料利用ハンドブック』(株)サイエンスフォーラム。
淡路和則(2007)「食品残さ飼料化の進展と今後の発展条件」『週刊　農林』No.1991。
淡路和則(2013)「食品廃棄物由来のエコフィード利用養豚の成立に関する一考察」『2013年度日本農業経済学会論文集』。
袴田共之(1996)「農業における資源管理,そして環境」『環境研究』100。
平野信之(2008)『大消費中核地帯の共生農業システム』農林統計協会。
平山嘉夫・遠藤登(1974)『家畜ふんの流通利用―商品的流通への道―』農政調査委員会(「日本の農業」90・91)。
細田衛士(2012)『グッズとバッズの経済学(第2版)』東洋経済新報社。
堀田忠夫(1995)『産地生産流通論』大明堂。
藤科智海・小沢亙(2005)「立川町地域資源循環システムの持続可能性」『農村計画論文集』24。
古市徹監修(2010)『循環型社会の廃棄物系バイオマス―利活用事業成功のためのシステム化―』循環新聞社。
市川治編著(2007)『資源循環型酪農・畜産の展開条件』農林統計協会。
伊藤幸男(2010)「岩手県における木質ペレットの需給構造」第121回日本森林学会大会講演資料(2010年4月,筑波大学)。
伊藤幸男(2012)「木質バイオマスエネルギーによる地域再生の可能性と戦略」『農業市場研究』83。
岩佐茂(1996)「リサイクルの思想」(尾関周二編『環境哲学の探究』大月書店)。
和泉真理(2013)「農村における再生可能エネルギーの生産・活用を考える―バイオマスエネルギー活用の事例から」『JC総研レポート』VOL.27。
泉谷眞実(1995)「都市酪農における家畜ふん尿の販売対応」『酪農学園大学紀要(人文・社会科学編)』20(1)。
泉谷眞実(2001)「浪費型市場構造の転換」(中嶋信・神田健策編著『21世紀食料・農業市場の展望』筑波書房)。
泉谷眞実編著(2010)『エコフィードの活用促進』農文協。
泉谷眞実(2013)「バイオディーゼル燃料製造事業者の類型と存立条件」(野中章久編著『国産ナタネの現状と展開方向』昭和堂)。
金子勝・児玉龍彦(2004)『逆システム学』岩波書店。
甲斐諭(1982)『肉牛の生産と流通』明文書房,第10章。

甲斐諭 (2008)『食農資源の経済分析』農林統計協会。
川手督也・黒川陽子・山守誠・川崎光代 (2006)「ナタネおよびナタネ油の生産・消費動向とバイオマスの多段階的利用に基づく地域循環システム構築のための課題」『食品経済研究』34。
金成燁 (2001)「米国における家畜ふん尿の製品化と市場流通の現状と課題」『農業市場研究』53。
熊崎実 (2011)『木質エネルギービジネスの展望』全国林業改良普及協会。
小泉達治 (2009)『バイオ燃料と国際食糧需給』農林統計協会。
近藤加代子他編 (2013)『地域力で生かすバイオマス』海鳥社。
工藤昭彦 (2002)「循環型社会形成に向けた『食』と『農』の法制度的枠組」『農業と経済』2002年7月号。
諸富徹 (2003)『環境』岩波書店。
マーケティング史研究会編 (2010)『マーケティング研究の展開』同文舘出版,第5章。
松隈久昭 (1999)(2000)(2001)「日本型リサイクル・チャネルの構築と問題点(1)(2)(3)」『大分大学経済論集』50 (5), 51 (5), 52 (5)。
美土路達雄 (1994)『美土路達雄選集【第2巻】農産物市場論』筑波書房。
三輪睿太郎・岩元昭久 (1988)「わが国の食飼料供給に伴う養分の動態」(日本土壌肥料学会編『土の健康と物質循環』博友社)。
三輪睿太郎・小川吉雄 (1988)「集中する窒素をわが国の土は消化できるか」『科学』58 (10)。
森岡昌史 (2005)『数量調整の経済理論』日本経済評論社。
森本英嗣 (2014)『バイオマス利活用による経済性と環境影響の評価』農林統計出版。
中島紀一 (2002)「立ち止まって考えてみたい『循環型社会』論議」『農業と経済』2002年7月号。
中村太和 (2010)『環境・自然エネルギー革命』日本経済評論社。
西尾チヅル (1999)『エコロジカル・マーケティングの構図』有斐閣。
野中章久編著 (2013)『国産ナタネの現状と展開方向』昭和堂。
崔相鐵・石井淳蔵編 (2009)『流通チャネルの再編』中央経済社, 第11章。
織田健次郎 (2004)「わが国における1980年代以降の窒素収支の変遷」『農環研ニュース』64。
小澤祥司・浦上健司 (2013)『バイオマスエネルギー・ビジネス』七つ森書館。
斎藤渡・泉谷眞実 (2014)「積雪寒冷地における稲わら収集の不確実性とリサイクル・チャネルの広域化―青森県・岩手県を対象として―」『弘前大学農学生命科学部学術報告』16。
榊田みどり・和泉真理 (2014)『再生可能エネルギー 農村における生産・活用の可能性をさぐる』筑波書房。

参考・引用文献

佐々木輝雄（1999）「食材廃棄物等の堆肥化と有機栽培の相互促進関係の可能性」『1999年度日本農業経済学会論文集』。
佐々木輝雄（2001）「自然循環型地域社会づくりと有機農業」『2001年度日本農業経済学会論文集』。
佐藤和憲（2007）「生ごみのリサイクルと地域農業の連携」（日本農業経営学会編『循環型社会の構築と農業経営』農林統計協会）。
鈴木宣弘（2005）『食料の海外依存と環境負荷と循環農業』筑波書房。
髙橋正郎（2002）『フードシステムと食品流通』農林統計協会。
寺西俊一（1991）「物質代謝論アプローチ」（植田和弘・落合仁司・北畠佳房・寺西俊一『環境経済学』有斐閣）。
富岡昌雄（1993）『資源循環農業論』近代文藝社。
富岡昌雄（1996）「環境保全型農業と有機質肥料産業の新展開」（桜井倬治編『環境保全型農業論』農林統計協会）。
富岡昌雄（1998）「もみ殻の処分・利用実態と有効利用の方向―共同籾乾燥施設における―」『1998年度日本農業経済学会論文集』。
富岡昌雄（2003）「循環型農業の条件整備と政策」『農業経営研究』40（4）。
豊川好司・村山成治・泉谷眞実共著（2008）『リンゴ粕の飼料化技術』弘前大学出版会。
土屋圭造・甲斐諭（1976）「地域複合化の実態と展開条件―大分県豊後高田市の厩肥流通の事例―」『農業と経済』1976年11月号。
植田和弘（1992）『廃棄物とリサイクルの経済学』有斐閣。
植田和弘・楠部孝誠・高槻紘・新山陽子（2012）『有機物循環論』昭和堂。
山根浩二監修（2007）『自動車用バイオ燃料技術の最前線（普及版）』シーエムシー出版。
脇田弘久（2012）「逆流通」（尾碕眞・岡本純・脇田弘久『現代の流通論』ナカニシヤ出版）。
渡辺達朗・久保知一・原頼利編（2011）『流通チャネル論』有斐閣，序章。
矢部光保編著（2014）『高水分バイオマスの液肥利用』筑波書房。
矢坂雅充（1995）「酪農の糞尿処理対策」（佐伯尚美・生源寺真一編著『酪農生産の基礎構造』農林統計協会）。
横山明彦（2010）『スマートグリッド』日本電気協会新聞部，第1～2章。
矢口芳生（2008）「地域循環型バイオマス生産・利用の経済構造」（服部信司編『世界の穀物需給とバイオエネルギー』農林統計協会）。
矢口芳生（2009）「共生農業システム成立の条件」『食農資源経済論集』60（1）。
山田定市（1984）「農業生産財市場と生産力構造」（川村琢監修『現代資本主義と市場』ミネルヴァ書房）。
吉野敏行（1996）『資源循環型社会の経済理論』東海大学出版会。

初出一覧

　本書の各章は，下記の既発表の論文を大幅に加筆修正して作成したものである。各章のもとになった論文は以下の通りである。

序章
泉谷眞実編著『エコフィードの活用促進』(農山漁村文化協会，2010年)，序章。
泉谷眞実「農業静脈市場に関する主要文献と論点」，美土路知之・玉真之介・泉谷眞実編著『食料・農業市場研究の到達点と展望』(筑波書房，2013年)所収。
泉谷眞実「農業資材市場と静脈産業」『農業市場研究』第19巻第3号，2010年。

第1章
泉谷眞実「農業資材市場と静脈産業」『日本農業市場学会2010年度大会報告要旨』2010年。

第2章
泉谷眞実「都市酪農における家畜ふん尿の販売対応」『酪農学園大学紀要(人文・社会科学編)』第20巻第1号，1995年。
泉谷眞実「地力問題の現状と地域的対応方向」『新斜網型畑作の萌芽と営農集団』((社)北海道地域農業研究所，2000年)所収。
泉谷眞実「家畜糞尿における広域流通と担い手の存立構造」，『21世紀へのマニュア・テクノロジー』(酪農学園大学エクステンションセンター，2000年)所収。

第3章

泉谷眞実・杉村泰彦・森久綱「リンゴジュース加工残さの発生とリサイクル経路」『2003年度日本農業経済学会論文集』2003年。

泉谷眞実編著『エコフィードの活用促進』（農山漁村文化協会，2010年），第4章。

泉谷眞実「農業資材市場と静脈産業」『農業市場研究』第19巻第3号，2010年。

第4章

泉谷眞実・房家琛・石塚哉史・松崎正敏「中国における食品製造副産物の利活用システムに関する事例分析―りんごジュース製造副産物リサイクル・システムの日中比較研究―」『農村経済研究』第31巻第1号，2013年。

第5章

泉谷眞実「有機性廃棄物リサイクルにおける需給調整の「特異点」」『東北農業経済研究』第23巻第2号，2005年。

泉谷眞実「農業静脈市場における需給調整様式の多段階性―青森県のリンゴジュース製造副産物を対象として―」『弘前大学農学生命科学部学術報告』第10号，2007年。

泉谷眞実編著『エコフィードの活用促進』（農山漁村文化協会，2010年），第4章，終章。

泉谷眞実「農業資材市場と静脈産業」『農業市場研究』第19巻第3号，2010年。

第7章

泉谷眞実・今野聖士「北海道における米ぬかの季節的な需給調整主体の存立条件」『2014年度日本農業経済学会論文集』2014年。

第 8 章

泉谷眞実・野中章久・金井源太・小野洋「廃食油バイオディーゼル燃料事業における原料調達と製品利用・販売間の調整に関する考察」『農業市場研究』第23巻第 4 号，2015年。

第 9 章

泉谷眞実・菅原悠「もみ殻の地域需給構造と固形燃料化事業の原料調達方式—青森県のS社を対象として—」『農業市場研究』第23巻第 2 号，2014年。

第10章

泉谷眞実・斎藤渡「積雪寒冷地における未利用バイオマスの処理・利用方式の特質」．『廃棄物資源循環学会　第 5 回東北支部研究発表会予稿集』2013年。

あとがき

　本書は，これまで筆者が北海道・東北を対象として行ってきたバイオマス流通に関する研究をとりまとめたものである。

　本書の最初の構想は，2002～2004年度の文部科学省科学研究費研究「食品廃棄物対策と畜産糞尿対策の整合化のための制度構築に関する研究」を取りまとめる過程で生まれたものである。また，本書の一部は，2012～2014年度の同「混迷するバイオマス活用促進対策の再構築に関する研究」の成果の一部である。改めて研究における科研費の重要性を実感している。

　本書の執筆の過程で，多くの諸先生方にご指導をいただいた。最も初期の草稿に目を通していただいた臼井晋先生，岩崎徹先生，そして本書の出版原稿に対して貴重なコメントをいただいた飯澤理一郎先生，土井時久先生，松田従三先生には記して感謝したい。

　また，本書は，一般社団法人　北海道地域農業研究所の出版助成を受けて刊行されたものである。黒河所長をはじめ，関係者の皆様に厚く御礼を申し上げたい。

　そして，本書の出版依頼時から親身になってご尽力いただいた筑波書房の鶴見治彦社長には，心から感謝の意を表したい。

　最後に，いつも多くの面で私を支えてくれている妻と2人の子供に感謝したい。

2015年

泉谷眞実

著者略歴

泉谷　眞実（いずみや　まさみ）

弘前大学農学生命科学部教授。農業経済学，農業市場論。1965年，北海道生まれ，北海道大学大学院農学研究科博士後期課程修了

【著書】
- 国産ナタネの現状と展開方向（分担執筆），昭和堂（2013年）
- 食料・農業市場研究の到達点と展望（共編著），筑波書房（2013年）
- 未利用バイオマスとしてのりんご剪定枝の活用戦略［増補改訂版］（編著），弘前大学出版会（2011年）
- エコフィードの活用促進－食品循環資源飼料化のリサイクル・チャネル（編著），農文協（2010年）
- 労働市場と農業（分担執筆），筑波書房（2008年）
- 食料・農産物の流通と市場Ⅱ（分担執筆），筑波書房（2008年）
- リンゴ粕の飼料化技術（共著），弘前大学出版会（2008年）
- 雇用と農業経営（分担執筆），農林統計協会（2008年）

バイオマス静脈流通論
北海道地域農業研究所学術叢書 ⑮

2015年4月15日　第1版第1刷発行

著　者　泉谷眞実
発行者　鶴見治彦
発行所　筑波書房
　　　　東京都新宿区神楽坂2－19 銀鈴会館
　　　　〒162－0825
　　　　電話03（3267）8599
　　　　郵便振替00150－3－39715
　　　　http://www.tsukuba-shobo.co.jp

定価は表紙に表示してあります

印刷／製本　平河工業社
©Masami Izumiya 2015 Printed in Japan
ISBN978-4-8119-0466-5　C3033